FOURMIS DE MADAGASCAR : UN GUIDE POUR LES 62 GENRES / ANTS OF MADAGASCAR: A GUIDE TO THE 62 GENERA

Brian L. Fisher & Christian Peeters

Association Vahatra
Antananarivo, Madagascar

2019

Publié par l'Association Vahatra
BP 3972
Antananarivo 101
Madagascar

Editeurs de série : Marie Jeanne Raherilalao & Steven M. Goodman.

ISBN 978-2-9538923-8-3

Photo de la couverture : Alex Wild
Dessin au trait de Jessica Huppi

La publication de ce livre a été généreusement financée par une subvention de Fondation de la Famille Ellis Goodman.

Imprimerie : Précigraph, Avenue Saint-Vincent-de-Paul, Pailles Ouest, Maurice
Tirage 800 ex.

Objectif de la série de guides de l'Association Vahatra sur la diversité biologique de Madagascar

Au cours de ces dernières décennies, des progrès énormes ont été réalisés concernant la description et la documentation de la flore et de la faune de Madagascar, différents aspects des communautés écologiques ainsi que de l'origine et de la diversification des myriades d'espèces qui peuplent l'île. De nombreuses informations ont été présentées de façon technique et compliquée, dans des articles et des ouvrages scientifiques qui ne sont guère accessibles, voire hermétiques à de nombreuses personnes pourtant intéressées par l'histoire naturelle. De plus, ces ouvrages, uniquement disponibles dans certaines librairies spécialisées, coûtent chers et sont souvent écrits en anglais.

Des efforts considérables de diffusion de l'information ont également été effectués auprès des élèves des collèges et des lycées concernant l'écologie, la conservation et l'histoire naturelle de l'île, par l'intermédiaire de clubs et de journaux tel que « Vintsy », organisés par WWF-Madagascar. Selon nous, la vulgarisation scientifique est encore trop peu répandue, une lacune qui peut être comblée en fournissant des notions captivantes sans être trop techniques sur la biodiversité extraordinaire de Madagascar. Tel est l'objectif de la présente série où un glossaire définissant les quelques termes techniques écrits en gras dans le texte, est présenté à la fin du livre.

L'Association Vahatra, basée à Antananarivo, a entamé la parution d'une série de guides qui couvrira plusieurs sujets concernant la diversité biologique de Madagascar. Nous sommes vraiment convaincus que pour informer la population malgache sur son patrimoine naturel, et pour contribuer à l'évolution vers une perception plus écologique de l'utilisation des ressources naturelles et à la réalisation effective des projets de conservation, la disponibilité de plus d'ouvrages pédagogiques à des prix raisonnables est primordiale.

Association Vahatra
Antananarivo, Madagascar
15 octobre 2018

Nous dédions ce guide aux chercheurs et personnel du Madagascar Biodiversity Center au Parc Botanique et Zoologique de Tsimbazaza. / We dedicate this book to researchers and staff at the Madagascar Biodiversity Center in Parc Botanique et Zoologique de Tsimbazaza.

Tetraponera manangotra du Col de Tanana, à Andohahela, transporter une **larve** entre ses pattes. (Cliché par B. Fisher.) / *Tetraponera manangotra* from the Col de Tanana, Andohahela, transporting a **larva** between its legs. (Photo by B. Fisher.)

Table des matières / Table of contents

Préface

Les fourmis : elles sont diverses, se rencontrent partout et jouent des rôles écologiques importants ; néanmoins, elles restent souvent ignorées, à moins qu'elles ne pénètrent nos foyers sans y avoir été invitées. Vous pourriez être surpris d'apprendre qu'il existe plus de 1300 espèces différentes de fourmis à Madagascar, chacune avec une histoire naturelle unique et un rôle précis dans l'environnement. L'activité des fourmis assure la cohésion des écosystèmes. En effet, les fourmis sont de grands laboureurs du sol, encore plus que les vers de terre. Certaines espèces élèvent et exploitent d'autres insectes pour se nourrir, et d'autres entretiennent des échanges mutuels avec des plantes spécialisées. Les fourmis sont aussi d'efficaces prédateurs et charognards. La dominance écologique des fourmis — attestée par leur omniprésence — est liée à la complexité de leur structure sociale. Comprendre comment fonctionnent les sociétés de fourmis est d'un grand intérêt, surtout en comparaison avec la société humaine.

Ce guide vous introduit à la diversité et à la fascinante biologie des fourmis. Il souligne également combien nous avons encore à apprendre sur leur biologie à Madagascar. Si vous avez de nouvelles informations sur les fourmis de Madagascar, nous vous encourageons à partager vos découvertes avec les entomologistes du Madagascar Biodiversity Center situé au Parc Botanique et Zoologique de Tsimbazaza, Antananarivo, en écrivant au cas@moov.mg ou en appelant le +261 20 22 238 63. Les

Preface

Ants: they are diverse, found everywhere, and play important ecological roles, but often remain overlooked unless they enter our homes uninvited. You may be surprised to learn that there are more than 1,300 different species of ants on Madagascar, each with a unique natural history and role in the environment. The actions of ants glue ecosystems together. Ants are major soil engineers, turning over more soil than earthworms. They are also efficient scavengers and predators. Some species herd and milk other insects for food, and some live in mutual relationships with specialized plants. Their ecological dominance, as evidenced by their ubiquity, is linked to their complex social structure. How ant societies work is of general interest, especially in comparison to human society.

This book introduces you to the diversity and fascinating biology of ants, but also highlights how much we have to learn about their biology on Madagascar. If you uncover new information about the ants of Madagascar, we encourage you to share your discovery with the entomologists at Madagascar Biodiversity Center located in Parc Botanique et Zoologique de Tsimbazaza, Antananarivo by email: cas@moov.mg or phone: 22 238 63. The entomologists at the center are continuing their studies of ants and other insects found on Madagascar.

Advancing your knowledge about ants also requires acquiring the language of entomologists. However,

entomologistes du centre continuent inlassablement leurs études sur les fourmis et sur les autres insectes de Madagascar.

Faire avancer vos connaissances sur les fourmis exige une certaine compréhension du langage des entomologistes ; néanmoins, nous avons essayé d'utiliser des termes techniques uniquement quand c'était inévitable. Ces termes techniques sont définis dans le Glossaire et apparaissent en **caractères gras** la première fois qu'ils apparaissent dans une section donnée du texte. Il vous faudra également faire un petit effort pour apprendre la morphologie des fourmis. Une fois que vous avez pris le temps d'acquérir la terminologie utilisée et appris à identifier les différents genres de fourmi, vous aurez alors le grand plaisir d'observer le monde secret des fourmis, toute votre vie.

we have tried to use technical terms only when necessary, you will need to invest some effort to learn ant morphology. Technical terms are presented in bold the first time they are mentioned in a given section and their definitions can be found in the Glossary. If you take the time to learn ant terminology and how to identify ants to genus, you will be rewarded with a lifetime of pleasure of observing the hidden world of ants.

Remerciements

Ce guide est basé sur l'effort collectif d'un grand nombre de collecteurs de fourmis dévoués, ainsi que de chercheurs et techniciens de musées et de laboratoires. En particulier, ce guide n'aurait pas pu être achevé sans le dévouement de l'équipe d'inventaire des arthropodes basée au Madagascar Biodiversity Center du Parc Botanique et Zoologique de Tsimbazaza : Pascal Rabeson, Jean-Jacques Rafanomezantsoa, Dimby Raharinjanahary, Balsama Rajemison, Valérie Rakotomalala, Jean-Claude Rakotonirina, Manoa Ramamonjisoa, Chrislain Ranaivo, Tantely Randriambololona, Clavier Randrianandrasana, Nicole Rasoamanana, Hanitriniana Rasoazanamavo et Njaka Ravelomanana. Lors des 20 dernières années, nous nous sommes joints à cette équipe pour visiter plus de 380 sites représentant la majorité des types de végétation et de formations géologiques de Madagascar. En plus des taxonomistes malgaches Jean-Claude Rakotonirina et Nicole Rasoamanana, nous sommes extrêmement redevables de l'aide de l'équipe internationale qui a décrit un grand nombre d'espèces nouvelles de Madagascar : Gary Alpert, Bonnie Blaimer, Barry Bolton, Brendon Boudinot, Sandor Csősz, Flavia Esteves, Georg Fischer, Francisco Hita Garcia, Brian Heterick, John Lapolla, Rick Overson, Phil Ward et Masashi Yoshimura. Nous aimerions remercier particulièrement Steve Goodman pour la longue collaboration et pour les nombreux conseils depuis les premiers

Acknowledgments

This guide is based on the collective efforts of a considerable number of dedicated ant collectors, as well as museum and laboratory technicians and scientists. In particular, this guide could not have been completed without the dedicated support of the Arthropod Inventory Team based at the Madagascar Biodiversity Center in Parc Botanique et Zoologique de Tsimbazaza: Pascal Rabeson, Jean-Jacques Rafanomezantsoa, Dimby Raharinjanahary, Balsama Rajemison, Valerie Rakotomalala, Jean-Claude Rakotonirina, Manoa Ramamonjisoa, Chrislain Ranaivo, Tantely Randriambololona, Clavier Randrianandrasana, Nicole Rasoamanana, Hanitriniana Rasoazanamavo, and Njaka Ravelomanana. Over the last 20 years, the authors have joined this team as it has visited over 380 field sites representing all major vegetation types and geological formations on Madagascar. In addition to Malagasy taxonomists Jean-Claude Rakotonirina and Nicole Rasoamanana, we acknowledge the tremendous dedication by an international team that has described many new ant species on Madagascar: Gary Alpert, Bonnie Blaimer, Barry Bolton, Brendon Boudinot, Sandor Csősz, Flavia Esteves, Georg Fischer, Francisco Hita Garcia, Brian Heterick, John Lapolla, Rick Overson, Phil Ward, and Masashi Yoshimura. In addition, we would like to thank Steve Goodman for his long-term advice and collaboration since Brian Fisher's first trip in 1993. We also thank Steve for his encouragement to

travaux de terrain de Brian Fisher en 1993. Steve nous a encouragé à écrire ce guide dont il a relu avec attention les différentes versions.

Les permis de recherche, de collecte et d'exportation des spécimens ont été obtenus grâce à la collaboration du Ministère de l'Environnement de l'Ecologie et des Forêts ainsi que de Madagascar National Parks. Les travaux de terrain et la recherche sur les fourmis de Madagascar ont été financés par la National Geographic Society (Grant no. 8429-0), par la National Science Foundation (Grant no. DEB-0072713, DEB-0344731 et DEB-0842395), par Conservation International et par le Critical Ecosystem Partnership. Le Critical Ecosystem Partnership Fund est une initiative conjointe de l'Agence française de développement, de Conservation International, du Fonds pour l'environnement mondial, du gouvernement du Japon, de la Fondation MacArthur et de la Banque mondiale, dont l'objectif est de s'assurer que la société civile est engagée dans la conservation de la biodiversité.

Nous remercions Vanessa Aliniaina et Jacques Rochat pour leur traduction soignée du texte anglais.

write this guide and his careful editing of our many drafts.

Research, collecting, and export permits were obtained through collaboration with the Ministère de l'Environnement de l'Ecologie et des Forêts and Madagascar National Parks. Fieldwork and research on the ants of Madagascar was supported by National Geographic grant no. 8429-0, National Science Foundation grant no. DEB-0072713, DEB-0344731, and DEB-0842395, the Conservation International, and the Critical Ecosystem Partnership Fund. The Critical Ecosystem Partnership Fund is a joint initiative of the Agence Française de Développement, Conservation International, the Global Environment Facility, the Government of Japan, the MacArthur Foundation, and the World Bank whose goal is to ensure civil society is engaged in biodiversity conservation.

We are grateful to Vanessa Aliniaina and Jacques Rochat for their careful translation of the English text.

Introduction

Madagascar occupe une place spéciale dans les annales de la **biodiversité** mondiale à cause de l'histoire géologique de son isolement, de la complexité de sa géographie et de son emplacement à proximité de la zone des alizés. Cette île a été isolée des continents africain et asiatique depuis très longtemps (>80 millions d'années). Elle présente des **écorégions** d'envergure continentale **(macro-habitats)**, allant des endroits quasi-désertiques du Sud-ouest de l'île et des forêts sèches de l'Ouest jusqu'aux plaines tropicales luxuriantes et aux forêts humides de montagne (Figure 1). La pluviométrie est fortement influencée par l'escarpement longitudinal à la lisière du plateau central du pays, escarpement qui capture l'humidité des vents de mousson venant de l'est. Cet escarpement est également associé à une topographie complexe de chaînes de montagnes et à des séries de massifs à plus de 2000 m d'altitude, dont les plus notables sont : Tsaratanana au nord, Ankaratra au centre et Andringitra au sud (Figure 2).

La séparation de Madagascar des autres masses continentales au cours des temps géologiques a causé un haut degré d'**endémisme** dans les **lignées** qui sont arrivées sur l'île suite à des dispersions à longue distance. La variété des **habitats** et la complexité géographique de l'île ont conduit à des radiations extraordinaires des espèces au sein de divers groupes d'organismes, la plus spectaculaire étant observée chez les **arthropodes**. Ces derniers,

Introduction

Madagascar occupies a special place in the annals of global **biodiversity** because of its geological history of isolation, geographic complexity and placement adjacent to the trade wind belt. The island has a long history of isolation from continental Africa and Asia (> 80 million years), combined with a full suite of continental-scale **ecoregions (macro-habitats)** ranging from near deserts in the southwest, to dry forest in the west, to lush tropical lowlands, to rain-soaked montane forests (Figure 1). These rainfall patterns are driven by a longitudinal escarpment at the eastern edge of the Central Highlands, which captures humid monsoon winds coming from the east. This escarpment is also associated with topographic complexity, rugged mountain ranges, and a series of massifs of over 2000 m, most notably Tsaratanana in the north, Ankaratra in the center, and Andringitra to the south (Figure 2).

Isolation in geological time from other continental landmasses has produced a high degree of **endemism** in those **lineages** that arrived on Madagascar via long-distance dispersal events. The varied **habitats** and geographic complexity of the island have driven spectacular radiations of species across different groups of organisms, but the explosion of biodiversity has been most striking in **arthropods**. Insects, especially **terrestrial** insects, experience the world on a much finer scale than more mobile vertebrates such as birds and mammals. This limited dispersal ability means insects can also have more specialized

Figure 1. Principales zones bioclimatiques (**écorégions**) : forêts humides de l'Est, forêts subhumides et forêts humides de montagne des Hautes Terres centrales, forêts sèches caducifoliées de l'Ouest, buissons épineux, bois et fourrés subarides du Sud-ouest. Les distributions des espèces de fourmis suivent souvent ces gradients bioclimatiques. Certaines espèces sont cependant limitées au nord de la ligne rouge entre Maroantsetra et Antsohihy. / **Figure 1.** Major bioclimatic zones (**ecoregions**): humid rainforests in the east, subhumid and humid montane forests in the Central Highlands, dry deciduous forests in the west, and subarid spiny bush, woodlands, and thickets in the southwest. Distributions of ant species often follow these bioclimatic gradients. Some species, however, are restricted north of the red line between Maroantsetra to Antsohihy.

plus particulièrement les insectes **terrestres**, évoluent dans le monde à des échelles beaucoup plus petites que celui des vertébrés plus mobiles comme les oiseaux et les mammifères. Cette capacité de dispersion plus limitée fait que les insectes ont des exigences environnementales et micro-climatiques plus spécifiques. En conséquence, les communautés d'insectes peuvent changer complètement sur de faibles distances, en raison de modifications de facteurs comme l'**altitude**, la nature du sol ou l'humidité.

Les fourmis de Madagascar représentent un groupe d'arthropodes extrêmement diversifié qui est également le produit du long isolement de Madagascar. Les ancêtres des lignées actuelles sont arrivés sur l'île par accident, suite à des dispersions à longue distance. Par la suite, ils ont dû s'adapter à de nouvelles conditions écologiques. Au cours du temps, ces

environmental and micro-climatic requirements. As a result, insect species communities can change dramatically over short distances, based on shifts in factors such as **elevation**, soil, or moisture.

The ant fauna of Madagascar represents a phenomenally diverse arthropod group that is the product of long isolation. Ancestors of modern lineages arrived on the island by chance via long-distance dispersal, and subsequently experienced different ecological conditions. Over time, these novel conditions led to the **evolution** of striking adaptive radiations within ant fauna. Each Malagasy ant species offers a unique chance to research the origins of the island's biodiversity and the interplay between historical isolation and geographic conditions.

The island's long separation also means that a comparison of the ants of Africa or Asia to those of Madagascar yields two types of surprises: what is

Figure 2. L'escarpement à l'Est coupe en deux presque la longueur totale de Madagascar et capture l'humidité des vents de mousson venant de l'Est. La figure montre les montagnes Anosyenne, à l'ouest de Manantenina, Sud-est de Madagascar. (Cliché par B. Fisher.) / **Figure 2**. The eastern escarpment bisects almost the entire length of Madagascar and captures the humid monsoon winds coming from the east. Shown here are the Anosyenne Mountains west of Manantenina in the southeast. (Photo by B. Fisher.)

conditions ont mené à l'**évolution** de surprenantes radiations adaptatives chez les fourmis de Madagascar. Chacune des espèces malgaches offre d'ailleurs des opportunités de recherche uniques sur l'origine de la biodiversité de Madagascar et sur l'interaction entre l' isolement historique et les conditions géographiques de l'île.

Le long isolement de Madagascar signifie aussi que toute comparaison entre les fourmis malgaches et les fourmis d'Afrique et d'Asie apporte deux grandes surprises : ce que l'on rencontre sur l'île (un grand nombre d'espèces endémiques) et ce qui manque (des groupes que l'on s'attendrait à trouver). Par exemple,

found on the island (a high number of endemic species) and what is missing (groups one might expect to occur). The island lacks two of the most aggressive ant groups found in Africa and Asia, army ants (genera *Aenictus* and *Dorylus*) and weaver ants (*Oecophylla*). Without these dominant aggressors, Madagascar has a friendlier assemblage of ants than is found on these two continents. A picnic in the presence of army ants in the Congo Basin is not the same thing as a picnic in the rainforest on Madagascar. Lacking these dominant ants, Malagasy arthropod communities offer a chance to study how insect communities operate, a tropical system where army ants do

Madagascar ne possède aucun des deux groupes de fourmis les plus agressives d'Afrique et d'Asie : les fourmis légionnaires (des genres *Aenictus* et *Dorylus*) et les fourmis tisserandes (du genre *Oecophylla*). Sans ces fourmis agressives et dominantes, Madagascar présente un assemblage de fourmis plus sympathiques que celui rencontré sur ces deux continents : ainsi, un pique-nique dans la forêt pluviale malgache n'a rien à voir avec un pique-nique entouré de fourmis légionnaires dans le Basin du Congo. L'absence de telles fourmis facilite aussi l'étude des communautés des insectes dans un environnement plus favorable — sans fourmis légionnaires dominant au sol et sans fourmis tisserandes régnant dans les arbres.

Puisque ni fourmis légionnaires ni fourmis tisserandes ont réussi à traverser les océans jusqu'à Madagascar, l'île avec son terrain accidenté et son haut taux d'endémisme, constitue donc un paradis pour tout explorateur de fourmis. Considérant le long isolement de l'île et sachant que les liens biogéographiques avec les autres continents sont encore largement inexplorés, Madagascar offre l'opportunité d'étudier une pièce extraordinaire du puzzle de la vie.

Explorations scientifiques récentes

Depuis 1993, une vague de recherches autour des fourmis de Madagascar a généré plus de 100 publications, documentant la diversité, l'évolution et la biologie des fourmis

not dominate terrestrial habitats and weaver ants do not rule the trees.

Given the fact that army and weaver ants never successfully crossed the oceans to Madagascar, this isolated landmass with its high levels of endemism, rugged terrain, and unexplored biogeographic links to other continents is an ant explorer's paradise. Madagascar offers a unique window for discovery to those interested in ants and a chance to study an extraordinary piece of the puzzle of life.

Recent scientific exploration

Since 1993, a surge in ant research on the island has yielded more than 100 publications documenting the **diversity**, evolution, and biology of ants. Before this modern period of exploration, the last significant activity on Malagasy ants occurred a full century earlier, when Forel produced a couple of authoritative volumes (1891, 1892) that summarized in part the results of early explorers and collectors of ants on Madagascar such as Alluaud, Camboué, Hildebrandt, Mocquerys, Perrot, Sikora, and Voeltzkow.

The boom in ant research on the island parallels a growing awareness of the threats facing Madagascar's natural splendors. These threats have set off a race to document the diversity that remains, while simultaneously using new knowledge to protect and link nature to human well-being. Each new species and observation has added chapters to the tale of the island's extraordinary ants.

malgaches. Avant cette grande période d'exploration, les activités de recherche les plus significatives avaient eu lieu un siècle auparavant avec les écrits de Forel qui a produit quelques volumes de référence (1891 et 1892) résumant les travaux des premiers explorateurs et collecteurs de fourmis comme Alluaud, Camboué, Hildebrandt, Mocquerys, Perrot, Sikora et Voeltzkow.

L'essor de la recherche moderne autour des fourmis de Madagascar a eu lieu en même temps que la prise de conscience croissante des diverses menaces pesant sur les splendeurs naturelles de l'île. Ces menaces ont déclenché une course effrénée pour documenter la diversité restante et pour maintenir les liens entre la nature et les hommes tout en protégeant le bien-être de ces derniers. Chaque observation et chaque nouvelle espèce ont ajouté de nouveaux chapitres à l'histoire des extraordinaires fourmis malgaches.

Le présent guide est une tentative de partage de ce que nous avons appris jusque là concernant ces insectes remarquables et fascinants. Ce guide est aussi prévu pour inspirer d'autres personnes, pour leur permettre d'apprécier et d'étudier les fourmis de l'île. Ces insectes ont encore beaucoup à nous apprendre alors qu'il reste très peu de temps pour explorer tous les fragments éloignés de forêt et pour documenter les insectes s'y trouvant avant que ces derniers ne risquent de disparaître. Nous espérons que ce guide contribuera à placer les fourmis parmi les groupes à considérer lors des inventaires biologiques, suivis écologiques, travaux cartographiques,

Figure 3. Sites de collecte visités par Fisher et l'équipe d'inventaire des **arthropodes** basée au Madagascar Biodiversity Center du Parc Botanique et Zoologique de Tsimbazaza entre 1993 et 2015. Plus de 380 sites couvrant tous les **habitats** principaux ont été visités,quoique de nombreux fragments de forêt isolés et forêts de montagne restent encore à explorer. / **Figure 3**. Collection sites visited 1993-2015 by Fisher and the **Arthropod** Inventory Team from the Madagascar Biodiversity Center, Tsimbazaza. Over 380 sites across all major **habitats** were visited, although many isolated forest patches and mountains remain to be explored.

This guide is an attempt to share what we have learned to date about these remarkable and fascinating insects. It is intended to inspire others to enjoy and study the island's ants. This insect fauna has a great deal still left to teach us, though there is little time left to visit all of the island's remote forest fragments to document the locally occurring insects before

activités de gestion et de conservation, ainsi que toutes activités de recherche vers le développement durable qui soutiendront la santé écologique et environnementale de Madagascar. Les fourmis sont restées trop longtemps en marge des programmes de conservation. Une meilleure compréhension de leur histoire naturelle et de leurs rôles dans les écosystèmes devraient remettre cet important groupe d'insectes à la place qui lui est due.

Ce guide est basé sur les efforts collectifs d'un grand nombre de collecteurs de fourmis, parataxonomistes, taxonomistes, systématiciens et biologistes. Lors des 20 dernières années, l'équipe d'inventaire d'arthropodes basé au Madagascar Biodiversity Center au Parc Botanique et Zoologique de Tsimbazaza a visité plus de 380 sites représentant tous les **macro-habitats** majeurs et formations géologiques de Madagascar (Figure 3). Des taxonomistes malgaches et étrangers ont décrit de l'île de nombreuses espèces de fourmis nouvelles pour la science.

Aperçu de la faune de fourmis de Madagascar

Quand Brian Fisher a commencé à étudier les fourmis de Madagascar en 1993, 319 espèces et sous-espèces de fourmis appartenant à 35 genres — selon la classification en vigueur à l'époque — étaient connues dans l'île. Actuellement, 718 espèces et sous-espèces et 62 genres sont reconnus, avec en outre environ 588 **morpho-espèces** en attente d'être décrites. En

they may disappear. We hope this guide enables ants to be recognized as important for diversity **monitoring** and mapping, conservation management, and **sustainability** studies that bolster the environmental and ecological health of Madagascar. Ants have been sitting on the sidelines of conservation programs for years, but our new understanding of their natural history and function in ecosystems should enable this important group of arthropods to assume the central role they are due.

This guide is based on the collective efforts of a considerable number of dedicated **ant collectors**, **parataxonomists**, **taxonomists**, **systematists**, and biologists. Over the last 20 years, the Arthropod Inventory Team based at the Madagascar Biodiversity Center in Parc Botanique et Zoologique de Tsimbazaza, has visited over 380 field sites representing all major **macro-habitats** and geological formations on Madagascar (Figure 3). In addition, Malagasy and international taxonomists have described many species of ants new to science from the island.

Overview of Madagascar's ant fauna

When Brian Fisher began researching the ants of Madagascar in 1993, 319 species (and subspecies) from 35 ant genera (according to the classification from that period) were known from the island. Today, 718 valid species and subspecies and 62 genera are recognized, with an estimated 588 **morphospecies** still awaiting description. In less than 20 years, the

moins de 20 ans, notre estimation du nombre de fourmis a donc plus que triplé, atteignant plus de 1300 espèces. Depuis l'an 2000, les efforts de notre équipe ont abouti à la description de 400 espèces nouvelles, y compris huit nouveaux genres. A la vitesse de travail actuelle, il faudra encore 15 années au moins pour décrire toutes les espèces de fourmis découvertes jusqu'à ce jour.

Fourmis introduites

Les fourmis ont probablement suivi les humains dans leurs déplacements depuis la nuit des temps. Dans une île, la **colonisation** de nouveaux endroits et la succession des espèces ont probablement toujours été des processus naturels. Par contre, la vitesse à laquelle ces phénomènes ont lieu est caractéristique du monde moderne. En effet, les mouvements des bateaux et des avions ont multiplié, augmentant les distances parcourues et réduisant le temps de voyage, favorisant ainsi l'introduction de nouvelles espèces. Dans le cas des fourmis de Madagascar, au moins 41 espèces ont probablement été introduites de cette manière. La plupart de ces espèces se limitent aux **habitats** urbains ou se rencontrent en nombre plutôt réduit ; néanmoins, certaines espèces sont devenues **envahissantes**, causant de graves problèmes aux écosystèmes naturels. Combattre ces espèces envahissantes est primordial dans les îles où la fragmentation de l'habitat est déjà un souci majeur.

A l'île Maurice où seuls quelques fragments de la forêt originelle

estimated ant fauna has more than tripled to over 1300 species. Since 2000, our team effort has resulted in description of 400 new species, including eight new endemic ant genera. Based on the current rate of new species descriptions, it will take at least another 15 years to name the remaining ant species found to date.

Introduced ants

Ants have probably hitched rides with humans since the dawn of history. Although **colonization** and species turnover can be a natural island process, the modern twist is the speed with which species turnover now occurs. As the movements of planes and ships have multiplied and transport times have shrunk, species are more frequently introduced. At least 41 species of ants are thought to be **introduced** to Madagascar. Many of these species are restricted to urban **habitats** or are found in low numbers, but a few are known **invasive** species that pose a major threat to natural ecosystems. Combating invasive species is of particular importance on islands such as Madagascar, where habitat fragmentation is a key concern.

On Mauritius, where only a few patches of original forest remain, invasive ants may have driven the entire lowland ant fauna to extinction. On the smaller, **granitic islands** of the Seychelles, invasive ants such as *Pheidole megacephala* have already extirpated native ants and are now threatening nesting bird populations. Larger islands such as Madagascar where habitats are severely fragmented can also be vulnerable to invasive ant

subsistent, les fourmis envahissantes sont peut-être la cause de l'extinction des fourmis de basse altitude. Dans les **îles granitiques** de plus petite taille des Seychelles, les fourmis envahissantes comme *Pheidole megacephala* ont déjà causé l'extinction des fourmis **indigènes** et s'attaquent maintenant aux populations d'oiseaux qui y nichent. Même les îles de grande taille comme Madagascar peuvent être vulnérables aux fourmis envahissantes quand les habitats sont sévèrement fragmentés. Bien que les parcs et les réserves soutiennent la survie des espèces en protégeant leurs habitats, ils ne peuvent pas empêcher l'extinction locale des fourmis indigènes par les fourmis envahissantes.

Il n'est cependant pas toujours facile de déterminer si une espèce est introduite. Toute identification est sujette à caution puisque de nombreuses espèces restent encore à décrire, non seulement à Madagascar mais également dans d'autres endroits du monde. Il est souvent nécessaire de considérer la distribution de chaque espèce au niveau de la **Région malgache**. Ainsi, si par exemple une espèce est surtout observée dans des habitats perturbés le long des côtes de plusieurs petites îles de la région, il y a de fortes chances qu'il s'agisse d'une espèce introduite. C'est le cas d'espèces qui sont assignées à la région comme *Solenopsis mameti* (décrit à l'île Maurice) dont la distribution indique qu'il pourrait s'agir d'une espèce introduite mais dont l'origine exacte en dehors de la Région malgache reste encore à déterminer.

species. While parks and reserves bolster the chances of survival of native species by protecting habitat, they cannot prevent aggressive introduced ants from driving native species locally extinct.

It can be tricky to determine if a given species is native or introduced. Identification is not always reliable since many species have not yet been described from Madagascar or elsewhere in the world. Instead, one needs to examine the distribution of the species in the **Malagasy Region**. If the ant is mostly found in disturbed coastal habitats and across other, smaller islands in the region, it can be assumed to be introduced. This includes species that are actually described from the region, such as *Solenopsis mameti* (described from Mauritius), which has a distribution pattern that strongly suggests it is introduced, though its native range outside the Malagasy Region has yet to be determined.

Espèces endémiques, malgaches et afro-malgaches

La plupart des 1281 espèces de fourmis de Madagascar se limitent à l'île. Les fourmis **introduites** (41 espèces) mises à part, 93 % des espèces qui ont déjà été décrites (724 espèces) ou qui sont connues sans avoir été encore décrites (557) sont endémiques de l'île.

Parmi les espèces **indigènes** de Madagascar, seulement 27 se rencontrent également sur le continent Africain. Parmi les 1312 espèces de fourmis de Madagascar, Mayotte et Union des Comores, le taux d'endémicité atteint 98 %. Avec un taux d'endémisme aussi élevé au niveau des espèces, Madagascar et les îles alentours devraient être classés dans une région biogéographique bien distincte — la Région malgache — au lieu d'être classés dans la Région **Afrotropicale**. Les niveaux taxonomiques plus élevés, comme les groupes d'espèces et les genres, se rencontrent également en Afrique. Ceci suggère que Madagascar et le continent africain ont une histoire commune. Ceci indique également que la plupart des fourmis de Madagascar sont arrivés d'Afrique avant de se diversifier dans l'île. Néanmoins, il existe quatre genres de fourmis de Madagascar qui ne sont pas du tout présents en Afrique, comme *Aptinoma*, *Aphaenogaster*, *Chrysapace* et *Pilotrochus*. Pour ces genres, des espèces apparentées se rencontrent en Asie du sud-est, ce qui suggère que leur origine est en relation avec la région indomalaise et non avec l'Afrique.

Endemic, Malagasy Region, and Afro-Malagasy species

Most of the 1281 ant species on Madagascar are restricted to the island. If you exclude **introduced** species (41 species), 93% of the described (724 species) and known undescribed ant species (557 species) from Madagascar are endemic to the island.

The endemism rate reaches 98% of 1312 species if you also include the nearby islands of Mayotte and Union of the Comoros. Of the native species on Madagascar, only 27 also occur on continental Africa. With such high endemism at the species level, Madagascar and nearby islands are best classified as a distinct biogeographic region, the Malagasy Region, and not part of the **Afrotropical** Region. Many higher taxonomic levels, such as species groups and genera, are also found in Africa, which suggests a shared history with this nearby continent. Thus, it appears that most ants arrived on Madagascar from Africa and then diversified. In contrast, there are few genera on Madagascar not present in Africa such as *Aptinoma*, *Aphaenogaster*, *Chrysapace*, and *Pilotrochus*. For these genera, related species are found in southeast Asia, which suggests that their origin is linked with Indomalaya and not Africa.

In the descriptions of genera given in this guide, we indicate the number of species found in each of three categories: "**Endemic**" refers to species known only from Madagascar; "**Malagasy Region**" refers to those species known from Madagascar but that also occur on nearby islands or

Tableau 1. Comparaison de la **diversité** des fourmis connues en 1993 et en 2018, montrant le taux élevé des découvertes au cours du temps. Genres **indigènes** : espèces qui se rencontrent naturellement à Madagascar ; genres **endémiques** : toutes espèces endémiques de Madagascar ; genres **introduits** : toutes espèces de ces genres ont été introduites à Madagascar ; espèces endémiques : espèces connues seulement à Madagascar. / **Table 1.** Comparison of known ant **diversity** in 1993 and in 2018, which shows the high level of discovery over time. Genera native: species that naturally occur on Madagascar; genera **endemic**: all species endemic to Madagascar; genera **introduced**: all species included are introduced; endemic species: species known only from Madagascar.

	1993	2018
Total des genres / Total genera	35	62
Genres indigènes / Genera native	33	56
Genres endémiques / Genera endemic	2	10
Genres introduits / Genera introduced	2	6
Total des espèces et sous-espèces décrites / Total described species + subspecies	319	724
Espèces introduites / Introduced species	19	41
Espèces endémiques / Endemic species	270	604

Dans les descriptions des différents genres données dans ce guide, nous avons indiqué le nombre d'espèces dans trois catégories : le terme « **endémique** » se réfère aux espèces connues seulement à Madagascar, « **Région malgache** » se réfère aux espèces connues à Madagascar mais qui peuvent aussi se rencontrer dans les îles et archipels alentours (Les Comores, Mayotte, Seychelles, La Réunion, Maurice archipelagos (Union of the Comoros, Mayotte, Seychelles, La Réunion, Mauritius, Rodrigues); and "**Afro-Malagasy**" refers to those species that are distributed on Madagascar and also on the African continent.

et Rodrigues) tandis que « **Afro-malgache** » se réfère aux espèces qui se rencontrent non seulement à Madagascar mais également sur le continent Africain.

Macro-habitats, altitude et stratification verticale

Les fourmis sont les plus diverses dans les forêts humides du Nord-est de Madagascar, surtout dans la ceinture forestière allant des basses altitudes de la péninsule de Masoala et de la Baie d'Antongil jusqu'aux sommets de Marojejy, Tsaratanana et Manongarivo (Figure 4). Un des endroits où la diversité de fourmis est la plus élevée se trouve d'ailleurs dans le Camp Marojejia, à 800 m d'altitude dans le Parc National de Marojejy. Par contre, la diversité de fourmis est la plus faible dans les fourrés épineux xérophytiques du Sud-ouest (Figure 5) et elle est intermédiaire dans les forêts sèches de l'Ouest de l'île. La **richesse spécifique** varie également suivant le gradient d'altitude avec un maximum en moyenne altitude (600-800 m) pour décliner ensuite rapidement au-dessus de 1400 m. Peu d'espèces de fourmis habitent les forêts humides de montagne au-dessus de 1600 m. En fait, à cause de la valeur relativement élevée du ratio surface/volume et de leur incapacité à produire une chaleur métabolique suffisante, les fourmis sont **thermophiles**. Très peu de fourmis peuvent alors prospecter dans le froid et l'humidité des forêts de montagne. De plus, le froid ralentit le développement des **larves**. Ceci dit, au-dessus de la limite des arbres, là où les radiations du soleil atteignent le sol,

Macro-habitat, elevation, and vertical stratification

Ants are most diverse in the humid forests of northeastern Madagascar, especially in the forest belt running from the lowlands of the Masoala Peninsula and Antongil Bay to the peaks of Marojejy, Tsaratanana, and Manongarivo (Figure 4). One of the most diverse places to find ants on Madagascar is the second camp (Camp Marojejia) at 800 m in the Marojejy National Park. Species diversity is lowest in the **xeric** spiny bush in the southwest (Figure 5) and intermediate in the dry forest of the west. **Species richness** also varies along **elevation** gradients, peaking at mid-elevation (600-800 m) and quickly declining above 1400 m. Few ant species call the humid montane forest above 1600 m home. Due to their high surface area to volume ratio and inability to produce significant metabolic heat, ants are **thermophilic** and few species can tolerate foraging in cold, wet, and cloudy montane forest. The cold also slows **larval** development. Above tree line, however, where solar radiation reaches the ground, ants return in abundance but are not particularly rich in species (Figures 6 & 7).

Ants are also surprisingly persistent in fragmented forest patches. Long after native rodents, carnivorans, and lemurs have disappeared from small forest blocks, native ants still survive. Thus, almost any patch of forest in the east, big or small, could harbor a largely functional ant community with species unknown to science.

Species composition also changes across **macro-habitats** and along

les fourmis redeviennent abondantes bien que la richesse spécifique n'est pas particulièrement élevée (Figures 6 & 7).

Les fourmis sont également étonnamment persistantes dans les zones de forêt fragmentées. Longtemps après que les rongeurs, carnivores et lémuriens indigènes aient disparu, des fourmis **indigènes** peuvent encore survivre dans des fragments de forêt de petite taille. Ainsi, pratiquement n'importe quel fragment de forêt de l'Est de Madagascar, quelle

elevational gradients. It takes a different kind of ant to survive in the very dry limestone area of the Mahafaly Plateau in the southwest than in the humid lowland forests of the Masoala Peninsula, or along the elevational gradient from the coast to the 2,132 m summit of Marojejy. Likewise, notably different kinds of ants can be found in the trees versus on the ground. This **vertical stratification** is most pronounced in the closed canopy of lowland humid forests, where the ground receives

Figure 4. La forêt tropicale humide du Nord-est, y compris les petits fragments comme ceux de Makirovana, héberge les assemblages de fourmis les plus diversifiés de Madagascar. Le sac jaune (au premier plan) est rempli de douzaines de fourmis vivantes qui vont être amenées à Antananarivo, puis éventuellement à Paris, pour des observations et des études plus poussées. (Cliché par B. Fisher.) / **Figure 4**. The wet tropical forest in the northeast, including small patches such as in Makirovana, are home to the most diverse ant assemblages on Madagascar. The yellow bag (foreground) is packed with dozens of live ant colonies that will be taken to Antananarivo and eventually Paris for observation and further study. (Photo by B. Fisher.)

Figure 5. Les buissons épineux et les fourrés secs autour de Tsimanampetsotse, au sud de Toliara, sont de bons endroits pour découvrir les genres adaptés aux **habitats xériques**, comme *Tanipone* et *Royidris*. (Cliché par B. Fisher.) / **Figure 5**. The dry spiny bush and thicket **habitats** around Tsimanampetsotse, south of Toliara, are a good place to discover genera adapted to **xeric** habitats such as *Tanipone* and *Royidris*. (Photo by B. Fisher.)

qu'en soit la taille, pourrait abriter des communautés de fourmis encore fonctionnelles, voire receler des espèces inconnues de la science.

La composition des espèces change aussi selon les **macro-habitats** et suivant les gradients d'altitude. Ainsi, ce sont ces différents types de fourmis qui survivent dans les plateaux calcaires Mahafaly du Sud-ouest malgache, dans les forêts humides de basse altitude de la péninsule de Masoala, ou le long du gradient d'altitude allant des côtes jusqu'au sommet de Marojejy à 2132 m. De la même façon, les types de fourmis rencontrés dans les arbres diffèrent sensiblement de ceux présents au sol. Cette **stratification verticale** est encore plus prononcée au niveau des canopées fermées

little sunlight and never dries out, while the canopy is arid and exposed. On Madagascar, about 30% of ant species are restricted to **arboreal habitats**. Hence, when observing or collecting ants, it is important to note whether an ant was found on the ground (e.g., soil, leaf litter, rotten wood) or above ground (e.g., on low vegetation, trees, dead twigs, or branches) (Figure 8).

Ants play crucial roles in ecosystems

Ants inhabit all layers of **terrestrial habitats** (**subterranean**, ground surface, and **arboreal**), where they play key ecological roles as predators, scavengers, and herbivores. Other ecosystem services include seed

Figure 6. Les fourmis sont plus abondantes au-dessus de la limite des arbres à 2100 m d'altitude, dans les prairies humides à la base du Pic Boby, Andringitra, que dans la forêt humide de montagne en-dessous de 1800 m. C'est ici que *Technomyrmex curiosus* a été découvert pour la première fois, nichant à la racine des herbes. (Cliché par B. Fisher.) / **Figure 6**. Ants are more abundant above tree line at 2100 m in the wet prairie at the base of Pic Boby, Andringitra, than in the wet montane forest below 1800 m. *Technomyrmex curiosus* was first discovered here nesting at the base of grasses. (Photo by B. Fisher.)

des forêts humides de basse altitude où le sol reçoit très peu de rayons de soleil et reste perpétuellement humide tandis que la canopée est aride et exposée. A Madagascar, environ 30 % des espèces de fourmis sont limités aux **habitats arboricoles**. Par conséquent, il est important de prendre note si une fourmi se rencontre par terre (par ex. au sol, dans la litière, dans du bois pourri) ou au-dessus du sol (par ex. sur les végétations basses, dans les arbres, sur les rameaux morts ou sur des branches vertes) (Figure 8) quand on observe ou quand on récolte des fourmis.

dispersal and soil movement through nest building activity (aeration, enrichment with nitrogen, and organic matter). Ants are key players in the recycling of nutrients, with an indirect influence on the populations of many animal groups, from decomposers to species much higher up the food chain. Ant **biomass** is difficult to measure reliably (extrapolation and guesswork are needed), but in most tropical ecosystems, ants probably add up to a biomass greater than all other insects together. Another measure of ecological importance is the high number of ant species sharing the same resources in similar habitats.

Les fourmis ont des rôles déterminants dans les écosystèmes

Les fourmis occupent toutes les strates des **habitats terrestres** (sous terre, à la surface du sol, dans les arbres) où elles jouent des rôles écologiques clés comme herbivores, prédateurs et charognards. Elles prennent part à d'autres services écosystémiques comme la dispersion des graines et le brassage des sols lors de la construction des fourmilières (aération, enrichissement en azote et en matières organiques). Elles participent aussi au recyclage des nutrients, influençant ainsi indirectement les autres populations d'animaux, allant des décomposeurs aux échelons supérieurs dans la chaîne trophique. La **biomasse** des fourmis est difficile à mesurer avec exactitude (des extrapolations et des hypothèses étant généralement nécessaires) mais, dans la plupart des écosystèmes tropicaux, les fourmis totalisent probablement à elles-seules une biomasse supérieure à celle de tous les autres insectes réunis. L'importance écologique des fourmis est reflétée par le nombre élevé d'espèces partageant les mêmes resources dans des habitats similaires. Ci-dessous sont quelques-uns des facteurs permettant aux fourmis d'atteindre une grande **diversité** locale.

1) *Les fourmis utilisent des aliments très variés*

Beaucoup d'espèces de fourmis sont des prédateurs d'invertébrés et certaines se spécialisent dans

Figure 7. Au-delà de la limite des arbres, la stratégie de thermorégulation de certaines espèces de *Camponotus* consiste à construire une butte de terre, pour profiter des radiations solaires. La butte est constituée d'un mélange de sol, de brindilles et de cailloux qui sont chauffés par le soleil. Pendant les journées ensoleillées, les **ouvrières** transportent les **larves** et les pupes de la profondeur des nids pour les laisser se réchauffer dans la butte chauffée. (Cliché par B. Fisher.) / **Figure 7**. Above tree line, the thermoregulatory strategy of some *Camponotus* species is to build a ground mound to take advantage of the increased solar radiation. The mound is made from a mixture of soil, twigs, and pebbles, and is heated by the sun. On sunny days, **workers** move **larvae** and pupae from below ground into the heated mound. (Photo by B. Fisher.).

Here we focus on just a few of the factors that allow ants to achieve high local **diversity**.

1) *Ants use many types of food*

Numerous ant species are predators of **invertebrates**, and some specialize in raiding the nests of other ants to steal brood. Ants are also the most important scavengers in most **terrestrial** ecosystems. Other ant species can be herbivores (eating plant products), granivores (seed predators), and

Figure 8. Nid de *Cataulacus* à l'intérieur d'une branche verte. L'incision faite ici montre les ouvrières et la couvée. Notez que les jeunes ouvrières (c.-à-d. récemment écloses) ne possèdent pas encore de pigmentation, à l'exception des yeux. En faisant des collectes, indiquez si la fourmi a été collectée au-dessus du sol (comme dans une brindille morte), ou dans le sol (dans du bois mort ou dans la litière ou dans le sol). (Cliché par C. Peeters.) / **Figure 8**. *Cataulacus* nest inside a living branch, here slit open to reveal **workers** and brood. Note that young workers (i.e. newly emerged) lack pigmentation, with the exception of the eyes. When collecting ants, indicate if the ants were collected above ground, such as in a dead twig, or if found on the ground (rotten wood, leaf litter) or in the soil. (Photo by C. Peeters.)

le pillage des nids d'autres fourmis dans le but de s'emparer du couvain. De plus, les fourmis sont les plus importants charognards dans la plupart des écosystèmes **terrestres**. D'autres espèces de fourmis peuvent se nourrir de produits végétaux, de graines, de champignons ou de moisissures. En fait, les fourmis ne consomment pas directement les feuilles fraîches mais se nourrissent des plantes via le **miellat** des pucerons et des cochenilles (ces parasites extraient les fluides des plantes de la même manière que les animaux qui sucent le sang). Alors que les fourmis de la famille des Ponerinae sont des **carnivores** strictes, celles des Dolichoderinae, Formicinae et Myrmicinae ont un régime alimentaire beaucoup plus large, le miellat pouvant constituer une grande partie de ce régime.

fungivores (fungus-eaters). Ants cannot eat fresh leaves, but they feed on plants via the **honeydew** of aphids and scale insects (plant parasites that extract plant fluids like blood-sucking animals). While species of Ponerinae are strictly **carnivorous**, those belonging to Dolichoderinae, Formicinae, and Myrmicinae will consume a much broader menu, and honeydew can be a major component of their diets.

2) *Les fourmis peuvent être grandes, petites et (pour un grand nombre) minuscules*

La taille du corps varie fortement parmi les 15 000 espèces de fourmis estimées dans le monde, allant de 1 à plus de 25 mm. Cela signifie qu'un même mode de vie peut être répliqué de nombreuses fois à différentes échelles. En effet, la taille du corps va affecter la manière dont un organisme perçoit et exploite son environnement. Etre minuscule permet à certaines fourmis de vivre dans des **micro-habitats** particuliers, comme les interstices étroits entre les particules du sol, entre les feuilles mortes et autres débris qui constituent la litière, sous l'écorce des troncs d'arbre ou à l'intérieur des branches. Quand des fourmis avec ouvrières minuscules ont également des **reines** minuscules (par ex. certaines Ponerinae), de tels micro-habitats servent à la fois d'aires d'alimentation et de sites de nidification. D'autres fourmis avec des ouvrières minuscules ont des reines énormes et des colonies très peuplées (par ex. chez *Carebara*), et leurs nids sont situés ailleurs que l'aire de prospection. Mais la taille du corps peut aussi affecter le type d'aliments qui peuvent être exploités. Ainsi, les petites ouvrières sont capables de chasser les minuscules arthropodes dans le sol, comme les collemboles et les acariens, une vaste ressource. Chez des fourmis qui se nourrissent de miellat, la taille minuscule des ouvrières va souvent de pair avec la taille des pucerons et des cochenilles, permettant une collecte optimisée.

2) *There are big ants, small ants, and (lots of) minute ants*

Body size varies conspicuously among the world's estimated 15,000 species of ants, which range from 1mm to over 25 mm. This means that the same life styles can be repeated multiple times at different scales. Indeed, body size affects the way all organisms perceive and exploit their environment. Being tiny enables ants to live in specific **micro-habitats** such as the narrow spaces between soil particles, in leaf litter, under tree bark or within the stems of live plants. When species with minute **workers** also have tiny **queens** (e.g. various Ponerinae), such constricted micro-habitats can be both foraging grounds and nesting sites. Other species with minute workers have huge queens and populous colonies (e.g. *Carebara*); hence, they nest elsewhere in micro-habitats that are more spacious. Body size also affects the types of food that can be exploited. Minute workers can be specialized predators on tiny soil arthropods like springtails and mites, a plentiful resource. In ant species feeding on honeydew, minute workers are matched for size with that of aphids and scale insects, allowing for efficient handling.

Thousands of species have minute workers (1-2 mm long), and their evolution is one reason why ants are so successful. Ponerinae workers are generally large insects, weighing 5.3 mg on average (range 0.14-21.20 mg, sample of 16 genera). Formicinae workers are much lighter, weighing 1.5 mg on average (range 0.15-3.90 mg, sample of 11 genera) and Myrmicinae

Des milliers d'espèces ont des ouvrières de taille minuscule (de 1 à 2 mm). Cette évolution est une des raisons du grand succès des fourmis. Les ouvrières des Formicinae sont particulièrement légères, pesant 1,5 mg en moyenne (allant de 0,15 à 3,90 mg sur un échantillon de 11 genres) tandis que chez les Myrmicinae, elles pèsent 0,4 mg en moyenne (allant de 0,06 à 1,19 mg sur un échantillon de 14 genres). Chez les Ponerinae, les ouvrières sont généralement plus lourdes avec une moyenne de 5,3 mg (allant de 0,14 à 21,20 mg sur un échantillon de 16 genres). Ainsi, d'un point de vue poids seulement, une ouvrière Ponerinae équivaut à quatre ouvrières Formicinae ou 14 Myrmicinae ! En fait, les ouvrières des espèces de petite taille peuvent être 300 fois plus petites que les ouvrières des espèces les plus grandes. Une telle disparité peut même s'observer au sein d'une même espèce présentant un **polymorphisme** de taille. Par exemple, dans les colonies de certaines *Carebara*, un **soldat** peut peser autant que 100 ouvrières.

Les ressources sont limitées pour toutes les espèces de plantes et d'animaux, ce qui impose des compromis dans leurs traits de vie et leur organisation sociale. Presque toutes les fourmis vivent dans des nids fixes où elles rapportent la nourriture trouvée à diverses distances. Etant donné le budget énergétique limité des colonies, il existe un compromis entre l'allocation par ouvrière et le nombre de progénitures ouvrières. Si le coût de produire une ouvrière peut être réduit en diminuant la taille du corps, cela permet alors à la colonie d'avoir

workers weigh 0.4 mg on average (range 0.06-1.19 mg, sample of 14 genera). Therefore, roughly speaking, one ponerine worker is equal in weight to four formicine workers, or 14 myrmicine workers! Workers in small species can be as much as 300 times smaller than in extremely large species. This disparity in size can be found within a single species that exhibits size **polymorphism**. For example, in colonies of some *Carebara*, one **soldier** can weigh the same as 100 minute workers.

Resources are limited for all species of plants and animals, leading to life history tradeoffs. Almost all ants are central place foragers, meaning that food is brought back to a fixed nest from various distances. Given the finite energy budget of colonies, there is a compromise between per-worker allocation and the number of offspring workers. If the cost to manufacture one worker is reduced by decreasing body size, it allows some species to produce colonies that have more individual ants. Increasing the number of miniature labor units is beneficial for life styles requiring a large foraging force (e.g. groups that hunt, scavenge on dispersed carcasses, or collect **honeydew**) or assembly-line tasks (e.g. fungus-farming).

un nombre plus élevé d'ouvrières. Un grand nombre d'ouvrières minuscules est idéal pour un mode de vie basé sur de nombreuses ravitailleuses (par ex. pour chasser en groupe, pour récupérer des carcasses dispersées, pour collecter le miellat) ou pour un mode de vie basé sur l'exécution de tâches à la chaîne (par ex. pour la culture de champignons).

3) Les fourmis cherchent leurs nourritures en solitaire ou en groupe

Le fait que toute la nourriture doit être ramenée vers un nid fixe et pérenne impose une optimisation du travail de récolte, et le nombre d'individus est un paramètre critique pour une colonie : chaque fourmi peut chercher de la nourriture indépendamment ou coopérer avec les autres ouvrières lors de la capture et du transport des proies. D'ailleurs, le transport coopératif a souvent évolué chez les fourmis, avec de nombreuses variations dans le degré de sophistication et le degré d'efficacité. La nourriture de grande taille peut être récupérée en groupe, bien que ce soit rare chez les espèces **arboricoles**. Les grandes proies sont généralement découpées en morceaux que les ouvrières peuvent rapporter vers la colonie. Chez les charognards, les colonies ont besoin d'envoyer un grand nombre de ravitailleuses en patrouille.

4) Certaines fourmis peuvent être actives nuit et jour

Dans la plupart des endroits de Madagascar où la température

3) Ants forage alone or in groups

Central place foraging makes the number of individual ants in a colony a critical parameter; each ant can search for food independently or cooperate with its sisters during prey capture or transport. Cooperative transport has evolved numerous times in ants, with much variation in sophistication and effectiveness. Large food items can be retrieved cooperatively, although this is rare in **arboreal** species. Big prey items are usually cut up and single workers carry smaller pieces back to the colony. Scavenging relies on colonies sending out many foragers to patrol simultaneously.

4) Some ants can be active day and night (24-hour species)

In most parts of Madagascar where nightly temperatures remain high, numerous species continue foraging night and day. Foraging in the dark is possible because **workers** orientate on the ground with chemical trails, although workers in some nocturnal species have highly specialized eyes allowing for visual navigation. Other species have evolved workers with eyes that are well adapted for both diurnal and nocturnal lifestyles. Foraging on a 24-hour cycle would soon exhaust a solitary insect, but gives social insects a competitive edge in the exploitation of food resources. Having workers that are active 24-7 makes ants valuable partners for **mutualistic** plants and insects, defending them continuously against predators and herbivores.

nocturne reste élevée, de nombreuses fourmis continuent à chercher la nourriture jour et nuit. Une telle recherche dans l'obscurité est possible quand les **ouvrières** s'orientent au sol grâce à des pistes chimiques. Néanmoins chez certaines espèces nocturnes, les ouvrières ont des yeux hautement spécialisés qui permet un déplacement à vue. D'autres espèces ont des ouvrières qui ont développé des yeux adaptés pour un mode de vue à la fois diurne et nocturne. Chercher de la nourriture non-stop serait épuisant pour un insecte solitaire alors que cela donne un réel avantage compétitif aux insectes sociaux dans l'exploitation des ressources alimentaires. Avoir des ouvrières actives 24h/24 et 7 jours/7 permet aux fourmis d'être des précieux partenaires pour des insectes et plantes **mutualistes,** en offrant à ces derniers une défense ininterrompue contre les herbivores et autres prédateurs.

5) *De nombreuses fourmis vivent dans les arbres*

Sur notre globe, des milliers d'espèces de fourmis sont **arboricoles**, nidifiant et s'alimentant dans les différentes strates de la végétation. Comme les ouvrières n'ont pas d'ailes, leur monde en deux dimensions s'étend formidablement une fois dans les arbres, avec une augmentation considérable de la surface disponible pour se déplacer et chercher de la nourriture. Imaginez simplement la surface totale des feuilles existant sur un petit arbre ! Seules les fourmis avec de larges colonies possèdent

5) *Many ants live in trees*

Globally, thousands of species are **arboreal**, nesting and foraging throughout the vertical layers of vegetation. Ant **workers** are wingless, and their two-dimensional world is dramatically expanded in trees, which provide a huge increase in the surface area over which to walk and forage. (Just think how much leaf surface exists on even a small tree!) Only large ant colonies have enough workers to spread out and search for highly dispersed resources (e.g. dead **arthropods**, sweet secretions, bird feces that provide nitrogen).

One challenge for arboreal ants is to find suitable nests. Unlike ground ants that easily excavate burrows in the soil or shelter under stones and logs, living trees offer few nesting sites that are secure and can be defended. Ants are known to nest under the bark of dead or living tree trunks, inside galls, or cavities in branches or twigs started by wood-boring insects like beetle **larvae**. Such cavities are usually limited in space, and only a few ant species can enlarge them by chewing wood. An alternative is to build suspended **carton** nests, using masticated plant material. Species with carton nests rely on fungi that grow and bind the material in the form of galleries. Ants can carry soil particles up trees, and even deposit the seeds of epiphytes, which can grow roots giving architectural support to their nests. A few plants grow specialized compartments, or **domatia** that are colonized by ants, in return for protection against insect herbivores.

assez d'ouvrières pouvant se déployer partout pour chercher des ressources fortement dispersées comme les carcasses d'autres insectes, les sécrétions sucrées, ou les déjections d'oiseaux qui leur fourniront de l'azote.

Cependant, un défi pour les fourmis arboricoles est de trouver des nids appropriés. Contrairement aux fourmis terrestres qui peuvent facilement creuser des terriers dans le sol ou s'abriter sous des pierres ou des rondins, les fourmis vivant dans les arbres ont moins d'opportunités de trouver des sites de nidification pouvant être protégés efficacement. Certaines espèces nichent sous l'écorce des troncs d'arbres vivants ou morts, dans des galles, à l'intérieur des cavités créés par les insectes foreurs de bois (par ex. les cavités laissées par les **larves** de coléoptères dans les branches et brindilles). De telles cavités offrent généralement des espaces limités et seulement quelques espèces de fourmis ont la capacité de les élargir en mâchant le bois. Une alternative est de se construire un **nid en carton** en utilisant des matériaux végétaux préalablement mastiqués. Ces nids en carton dépendent de champignons mutualistes qui lient les matériaux sous forme de galleries. Certaines fourmis peuvent par ailleurs transporter des particules de sol vers le haut des arbres. D'autres encore peuvent déposer des graines de plantes épiphytes qui vont s'enraciner, et ces racines donnent la structure architecturale nécessaire pour le nid des fourmis. Il existe quelques plantes qui développent des compartiments spéciaux ou **domatie** qui sont colonisés par les fourmis ; ces dernières leur

Together with carbon, hydrogen and oxygen, nitrogen is a major component of living organisms, essential for the synthesis of DNA and proteins. Hunting and scavenging ants have a plentiful supply of nitrogen in their food, but this is not the case with species that feed on nitrogen-poor **honeydew** and plant secretions. Various canopy ants benefit from intimate associations with specialized bacteria in their gut, and these recycle nitrogen-rich metabolic wastes.

Throughout Africa, weaver ants (*Oecophylla*) build large nests using living leaves held together with **larval** ant silk. This genus is completely absent from Madagascar, as is the very successful African arboreal genus *Polyrhachis*. Instead, the **niche** of these two genera in forest canopies of Madagascar is taken over by several other genera, including *Camponotus*, *Cataulacus*, *Crematogaster*, *Nesomyrmex*, *Pheidole*, *Terataner*, and *Tetraponera*. The arboreal ants of Madagascar remain poorly understood.

Life history primer

The key to the efficient functioning of ant colonies is the tight collaboration between two kinds of adult females, **queens** and **workers**. Males only live a few weeks of the year, and their role is exclusively sexual. Most queens start out with wings but fly only at the beginning of their adult lives, to meet males from other colonies (Figure 9), and disperse far from their natal colony. Once they have mated, queens select a suitable spot to start a new colony, and become permanently

offrent en retour une protection contre les insectes herbivores.

Avec le carbone, l'oxygène et l'hydrogène, l'azote est un des composants principaux du vivant, essentiel pour la synthèse des protéines et de l'ADN. Les fourmis prédatrices et charognardes obtiennent facilement l'azote dans leur nourriture, mais ce n'est pas le cas des espèces qui se nourrissent de **miellat** ou de sécrétions de plantes, pauvres en azote. Plusieurs fourmis de canopées bénéficient de l'association intime avec certaines bactéries intestinales qui recyclent l'azote des déchets métaboliques.

En Afrique, les fourmis tisserandes (*Oecophylla*) construisent de larges nids en utilisant des feuilles vivantes qui sont cousues ensemble avec la soie de leurs **larves**. Ce genre est complètement absent de Madagascar. C'est également le cas de *Polyrhachis*, un genre de fourmis arboricole qui réussit très bien en Afrique. Dans les canopées de Madagascar, la **niche** écologique typiquement occupée par ces deux genres est le domaine de plusieurs autres genres, dont *Camponotus*, *Cataulacus*, *Crematogaster*, *Nesomyrmex*, *Pheidole*, *Terataner*, and *Tetraponera*. Les fourmis arboricoles de Madagascar sont encore très peu étudiées.

Organisation sociale et histoires de vie des fourmis

La clé de l'efficacité du fonctionnement des colonies de fourmis réside dans la collaboration étroite entre deux sortes d'adultes femelles : les reines et les ouvrières. Les mâles ne vivent que

Figure 9. **Reine** *Carebara* non-encore accouplée mais entourée par un groupe de mâles. Après l'accouplement, la reine ira chercher un endroit dans le sol ou dans du bois pourri pour commencer sa colonie, puis elle se débarrassera de ses ailes. (Cliché par B. Fisher.) / **Figure 9**. An unmated *Carebara* **queen** is mobbed by a group of males. After mating, the queen will search for a place in the soil or rotten wood to start her colony, then tear off her wings. (Photo by B. Fisher.)

earthbound by tearing off their wings. Alone and highly vulnerable, their challenge is to produce a first generation of workers as quickly as possible. Workers, by contrast, always lack wings and are specialized for activities on six legs: foraging, colony defense, and manipulating objects (nest construction, etc.). Workers do not reproduce, but care for the queen's offspring.

The divergence between queens and workers originates during the

quelques semaines dans l'année et jouent un rôle exclusivement sexuel. La plupart des reines ont des ailes mais ne volent qu'au début de leurs vies adultes, pour s'éloigner de leurs colonies natales et rencontrer des mâles d'autres colonies (Figure 9). Après l'accouplement, les reines choisissent un endroit approprié pour commencer une nouvelle colonie, et elles deviennent définitivement terrestres en s'arrachant les ailes. Seules et vulnérables, le défi est de produire la première génération d'ouvrières le plus rapidement possible. Ces ouvrières, contrairement à la reine, n'ont jamais d'ailes et sont spécialisées pour des activités à six pattes : recherche de nourriture, défense de la colonie, construction du nid, manipulation d'objets, etc. Les ouvrières ne se reproduisent pas mais s'occupent de la progéniture de leur reine.

La divergence entre reines et ouvrières a son origine pendant le développement **larvaire**. Les larves destinées à devenir des ouvrières sont moins nourries que celles destinées à être des reines. Comme chez tout insecte avec une **métamorphose** complète (par ex. les coléoptères, les guêpes, les mouches et les papillons), les larves de fourmis vivent et se nourrissent différemment des adultes. Elles sont aveugles et ne possèdent pas de pattes. Elles dépendent entièrement des ouvrières pour leur nourriture et leur protection. Après quelques semaines, elles tissent un cocon à l'intérieur duquel elles se métamorphosent en adultes (Figure 10). Néanmoins, chez de nombreuses fourmis (sous-famille Myrmicinae et

larval growth stage. Larvae destined to be workers are fed less than those destined to be queens. Insects that go through complete **metamorphosis**, such as beetles, wasps, flies, and butterflies, live and feed differently as larvae than as adults. Ant larvae are blind and legless, depending entirely on workers for food and protection. After a few weeks, they spin a cocoon in which they metamorphose into adults (Figure 10). However, in many ants (subfamily Myrmicinae and others), the cocoon is absent and pupae remain naked during metamorphosis (Figure 11).

Over the course of more than 100 million years of ant **evolution**, queen-worker differences in body shape and size increased considerably. In the Ponerinae, the two **castes** are often very similar (e.g. *Euponera sikorae*), but in the Myrmicinae and Formicinae they differ greatly, with differences reaching extremes in various genera (e.g. *Carebara*). This dimorphism corresponds to increased specialization for opposite tasks: in many species, workers are minute and cheap to produce, but remain efficient laborers due to superb morphological design together with complex teamwork. In sharp contrast, queens in the Myrmicinae and Formicinae are very expensive to produce. They are much bigger than workers and accumulate costly reserves (fat and protein) before dispersing from their natal nests. A queen will live on this stored energy while founding a new colony. With their fat reserves, queens do not need to leave the nest to find food for the first larvae they produce, enabling them to remain protected. This is a considerable improvement

Figure 10. Toute fourmi subit une métamorphose complète. Lorsqu'elles ont terminé leur développement, beaucoup de larves de fourmis tissent un cocon dans lequel elles se transforment en nymphe, comme ces *Lioponera*. (Cliché par B. Fisher.) / **Figure 10**. All ants undergo complete metamorphosis. When fully grown, many ant larvae spin a cocoon in which they pupate, as have these *Lioponera*. (Photo by B. Fisher.)

Figure 11. Après le stade larvaire, de nombreuses fourmis, comme *Tetraponera*, ont des nymphes nues (voir à l'extrême droite). (Cliché par B. Fisher.) / **Figure 11**. After the **larval** stage, many ants, like *Tetraponera* have naked pupae (far right). (Photo by B. Fisher.)

autres), le cocon est absent et les nymphes restent nues pendant la métamorphose (Figure 11).

Pendant plus de 100 millions d'années d'**évolution** chez les fourmis, la différence entre la forme et la taille du corps chez les reines et les ouvrières a considérablement augmenté. Chez les Ponerinae, les deux **castes** sont encore relativement similaires (par ex. *Euponera sikorae*). Par contre, chez les Myrmicinae et les Formicinae, elles diffèrent fortement, avec des différences extrêmes observées chez certains genres (par ex. *Carebara*). Ce dimorphisme correspond à une spécialisation poussée pour différentes tâches. En effet, chez de nombreuses espèces de fourmis, les ouvrières sont minuscules et moins coûteuses à produire, tout en restant des travailleuses efficaces grâce à leur morphologie hautement adaptée aux tâches au sol ainsi qu'à un travail en

on the situation of queens of "primitive" species such as those belonging to the Ponerinae, which lack substantial reserves. During the foundation of new colonies, ponerine queens need to produce workers almost as big as themselves; this requires hunting outside the nest, a highly risky activity.

In each subfamily, there are a few species where queen **morphology** has evolved in other ways. Queens in many genera cannot fly and must disperse on foot together with nestmate workers to establish a new colony. Such queens lack wing muscles, and their **thorax** is simplified and resembles that of wingless workers; these are known as **ergatoid**, a term from the Greek meaning "worker-like" (Figure 12).

Compared to queens, many traits of workers are simplified. In addition to decreased body size, workers of most species have reduction in or complete lack of ovaries, as well as the loss of a **sperm reservoir** in 99% of species. However, workers in several genera

équipe élaboré. A l'opposé, les reines de Myrmicinae et de Formicinae sont particulièrement chères à produire. Elles sont beaucoup plus grandes que les ouvrières et elles accumulent des réserves coûteuses de graisses et de protéines avant de quitter leurs colonies natales. Une reine fondatrice va vivre uniquement de cette réserve, et elle n'a pas besoin de quitter le nouveau nid pour trouver de la nourriture pour les premières larves qu'elle produit. Ceci lui permet, à elle et à cette première progéniture, de rester en sécurité. Ceci constitue une amélioration considérable comparée à la situation des reines d'espèces plus « primitives » comme les Ponerinae qui ne possèdent pas de grosses réserves. Pendant la fondation des nouvelles colonies, les reines Ponerinae doivent produire des ouvrières presque aussi grandes qu'elles-mêmes. Pour ce faire, elles doivent chercher de la nourriture à l'extérieur du nid, ce qui est très risqué.

Dans chaque sous-famille, il existe certaines espèces où la **morphologie** des reines a évolué d'une toute autre manière. Les reines de nombreux genres ne peuvent pas voler et doivent marcher avec les ouvrières de leur colonie pour aller en établir une nouvelle. Ces reines n'ont pas de muscles alaires : elles ont alors un thorax simplifié ressemblant à celui des ouvrières sans ailes. On les appelle **ergatoïdes**, un terme d'origine grecque signifiant « comme des ouvrières » (Figure 12).

Comparées aux reines, les ouvrières ont des traits souvent très simplifiés. En plus d'être de taille plus réduite, les ouvrières de la plupart des espèces

in the Ponerinae and a few other subfamilies retain the sperm reservoir so they can mate and produce female offspring. In species where workers can reproduce sexually, ritualized aggression regulates which individuals become mated, egg laying workers (**gamergates**). In some species, gamergates reproduce in addition to winged queens, but in others, winged queens are absent and colonies multiply by **fission** only.

Ant societies always exhibit division of tasks, because young and old workers behave differently. Young workers stay inside the nests where they care for the brood, and become active outside as they get older.

Figure 12. Certaines espèces de *Mystrium*, comme *M. voeltzkowi*, ont des **reines ergatoïdes**. Les individus rougeâtres sont les reines ergatoïdes tandis que les individus avec de larges mandibules sont les **ouvrières** qui chassent en-dehors. Seules quelques reines ergatoïdes s'accouplent et pondent des œufs ; les ergatoïdes vierges restent à l'intérieur des nids pour prendre soin du couvain. (Cliché par A. Wild.) / **Figure 12**. Some species of *Mystrium* such as *voeltzkowi* have **ergatoid queens**. The reddish individuals are the ergatoid queens while the **workers** have big **mandibles** and hunt outside. Only a few of the ergatoid queens are mated and lay eggs, while virgin ergatoids stay inside and care for brood. (Photo by A. Wild.)

ont des ovaires réduits ou pas d'ovaire du tout. Dans 99 % des espèces, les ouvrières n'ont pas de **réservoir à sperme** non plus. Cependant, les ouvrières de plusieurs genres de Ponerinae et de quelques autres sous-familles ont conservé un réservoir à sperme, leur permettant de s'accoupler et de produire des descendants femelles. Chez les espèces où les ouvrières peuvent se reproduire sexuellement, des agressions rituelles déterminent les individus pouvant se reproduire et pouvant pondre des œufs (**gamergates**). Chez certaines espèces, les gamergates se reproduisent en plus des reines, tandis que chez d'autres espèces, il n'y a jamais de reines ailées et les colonies se reproduisent alors seulement par **fission**.

Les sociétés de fourmis présentent toujours une division des tâches, avec les ouvrières jeunes et les ouvrières plus âgées se comportant différemment. Les jeunes ouvrières restent à l'intérieur du nid où elles s'occupent du couvain. A mesure qu'elles vieillissent, elles deviennent de plus en plus actives à l'extérieur du nid. Suivant les espèces, celles qui cherchent la nourriture travaillent seules ou avec d'autres. Dans tous les cas, il y a une augmentation considérable du taux de mortalité à ce stade. C'est tout à fait le contraire chez les reines, qui prennent le plus de risques pendant leur jeunesse quand elles fondent seules des nouvelles colonies. Une fois ces dernières établies, les reines peuvent vivre des décennies chez certaines espèces (Figure 13).

Foragers may work together or not, depending on the species, but there is always a dramatic increase in mortality. In contrast, queens take all the risks when they are young and founding colonies alone. However, once their colony is established, queens can live for decades in some species (Figure 13).

In the Dolichoderinae, Formicinae, and Myrmicinae, species with minuscule workers (1-3 mm) can produce additional types of larger helpers. In various genera, workers only vary in scale; hence, small ("**minor**") and large ("**major**") workers have different shapes as the result of **allometry**. Other genera have a third, **soldier** caste with morphological traits (e.g. shape of head and **mandibles**) not found in workers. In both cases, bigger heads reflect more powerful mandible muscles and specialized functions (e.g. colony defense, seed-milling, and blocking nest entrances) (Figure 14). Moreover, larger helpers have bigger **gasters**, which allow enhanced food storage and food exchange. Combining defense and **trophic** functions offsets the cost of expensive-to-manufacture soldiers and majors. Because larger helpers have evolved repeatedly in unrelated lineages, bigger helpers exhibit substantial heterogeneity in body shape and function. For example, in some species, larger helpers with large mandibles may serve as guards, while in others, they are not involved in active defense but in seed-milling or blocking nest entrances.

Colony size is another important paramotor affecting lifestyle and ecology, ranging from an average of

Chez les Dolichoderinae, les Formicinae et les Myrmicinae, il peut exister des espèces avec des ouvrières minuscules (1–3 mm) et des assistantes de plus grande taille. Dans divers genres, les ouvrières présentent des tailles différentes : celles de petites tailles (ouvrières **mineures** et celles de grandes tailles (ouvrières **majeures**) ont des formes différentes par la suite d'une **allométrie**. D'autres genres possèdent une troisième caste, les **soldats**, qui présentent des traits morphologiques absents chez les ouvrières (par ex. forme de la tête et des **mandibules**). Dans les deux cas, une plus grosse tête signifie des muscles mandibulaires plus puissants et des fonctions spécialisées comme le broyage des graines, le blocage de l'entrée du nid ou la défense de la colonie (Figure 14). Par ailleurs, les assistantes de grande taille possèdent des **gastres** plus volumineux, permettant le stockage de nourriture et des échanges accrus de **trophallaxie**. En fait, la combinaison des fonctions défensive et trophique permet de compenser le coût de production élevé des soldats et des ouvrières majeures. Puisque des assistantes de plus grandes tailles sont apparues pendant l'évolution de lignées non-apparentées, elles montrent une hétérogénéité significative en termes de forme et de fonction. Par exemple, chez certaines espèces, les assistantes avec de larges mandibules peuvent servir à la garde du nid tandis que chez d'autres espèces, elles ne sont pas impliquées dans la défense active mais dans le broyage des graines ou le blocage des entrées du nid.

Figure 13. Toutes les colonies *Lioponera* se reproduisent par **fission**. Chez cette espèce, la reine sort de son cocon avec des ailes courtes non fonctionnelles qui tombent très rapidement après. Comme ces reines **brachyptères** ont gardé une segmentation complexe du **thorax**, l'examen de spécimens de musée peut donner la fausse impression que ces reines pouvaient voler. (Cliché par B. Fisher.) / **Figure 13**. All *Lioponera* reproduce by colony **fission**. In this species, the **queens** exit the cocoon with short, non-functional wings that quickly fall off. Because **brachypterous** queens retain complex **thorax** segmentation, examination of museum specimens gave the misleading impression that these ants could fly. (Photo by B. Fisher.)

Figure 14. Chez *Carebara*, les **soldats** et les **ouvrières** diffèrent beaucoup. Notez la grosse tête et l'**abdomen** enflé des soldats ; l'abdomen permet de stocker de la nourriture pour la colonie. (Cliché par T. Colin.) / **Figure 14**. In *Carebara*, **soldiers** and **workers** differ greatly in size. Note the large heads and swollen **abdomens** of soldiers. The swollen abdomen stores food for the colony. (Photo by T. Colin.)

La taille des colonies est un autre paramètre important affectant le mode de vie et l'écologie des fourmis. Elle varie entre 20 ouvrières en moyenne chez *Euponera sikorae* à plusieurs dizaines de milliers d'individus chez *Carebara*. Une estimation fiable est rarement disponible chez les espèces avec des ouvrières minuscules. Les grandes colonies sont associées à un taux élevé de fécondité chez les reines, qui présentent un nombre accru d'**ovarioles** (Figure 15). Chez plusieurs espèces avec des colonies de grande taille, plusieurs reines coexistent et se reproduisent.

Figure 15. Dissection sur terrain d'une reine de *Chrysapace* montrant les ovaires actifs. Dissection par C. Peeters. (Cliché par B. Fisher.) / **Figure 15.** A field dissection of a *Chrysapace* **queen** shows active ovaries. Dissection by C. Peeters. (Photo by B. Fisher.)

Aperçu des genres de fourmis

Une fois que vous commencez à observer et à récolter des fourmis, vous serez surpris de constater que certains genres sont toujours présent en abondance tandis que d'autres sont déplorablement rares. La raison que certains genres sont rarement trouvés inclut la petite taille de leur population, la spécificité de leur habitat, la nature cryptique de leurs habitudes de nidification et d'alimentation, ou des difficultés liées à leur capture. Par exemple, les fourmilières de *Parvaponera* ne sont pas rares mais les ouvrières se retrouvent rarement dans une collection car elles nichent et s'alimentent uniquement en profondeur. Trouver ces fourmis exige alors un travail fastidieux de creusement et de grattage du sol. Nous savons que les nids de *Parvaponera* ne sont pas rares car les reines, qui sont attirées par la lumière, sont plus fréquentes dans les collectes que ne le sont leurs ouvrières. D'autres espèces

20 workers in *Euponera sikorae* to hundreds of thousands in *Carebara*. Reliable estimates are seldom available in species with miniature workers. Large colonies are associated with highly fertile queens showing an increased number of **ovarioles** (Figure 15). In other species with large colonies, multiple queens coexist in a given colony.

Overview of genera

When you first start observing or collecting ants, you will be surprised that certain genera are always present and abundant, while others are frustratingly scarce. The reasons certain genera are so rarely collected include small population size, **habitat** specificity, sampling difficulties, and **cryptic** nesting and foraging habits. For example, *Parvaponera* **workers** are rare in collections because they nest and forage only within the soil. Finding ants that live deep in the soil is often loft to the tedious process of digging and scraping away the soil. We

de fourmis sont rarement récoltées parce qu'il faut tamiser la litière ou fendre du bois pourri pour les trouver. A moins d'utiliser un **dispositif de Winkler** ou un **entonnoir de Berlèse**, vous pourriez ne jamais observer ces espèces. Mais les genres avec des ouvrières de petites tailles ne sont pas les seuls à être difficiles à collecter. Ainsi, un des genres avec de très grandes ouvrières, *Chrysapace,* n'a été trouvé que dans trois collectes réalisées dans le Nord de Madagascar. Bien que les reines et les mâles de plusieurs genres aient souvent été collectés en utilisant de la **lumière noire (UV)** et des **pièges Malaise**, il existe d'autres genres pour qui les mâles n'ont jamais été capturés. Ci-dessous, nous offrons un aperçu de quelques groupes en indiquant leurs abondances ou raretés dans les collections.

Cinq genres avec une très grande diversité (85 à plus de 200 espèces par genre) renferment un peu plus de la moitié des fourmis estimées actuellement à Madagascar. Nous vous suggérons d'apprendre d'abord à reconnaître ces genres puisqu'ils seront les premiers que vous rencontrerez dans la majorité des **macro-** et **micro-habitats**. Il s'agit de : *Camponotus, Hypoponera, Pheidole, Strumigenys* et *Tetramorium*.

De plus, il existe dix genres endémiques de l'île. Comme ils ne se rencontrent nulle part ailleurs dans le monde, ils méritent donc notre plus haute considération pour leur conservation. Il s'agit de : *Adetomyrma, Aptinoma, Eutetramorium, Lividopone, Malagidris, Pilotrochus, Ravavy, Royidris, Tanipone* et *Vitsika*. Notons

know that nests of *Parvaponera* are not that rare, as their **queens** are attracted to lights and are more frequent in collections than their workers are. Other ants that are rarely collected are known only from sifting leaf litter or breaking apart rotten wood. Unless you are using **Winkler** extractors or **Berlese funnels**, you may never encounter these genera. Genera with small sized workers are not the only ants that are hard to collect; one of the genera with very large workers, *Chrysapace*, is known from only three collections in northern Madagascar. Though queens and males are often collected at **black lights (UV)** and in **Malaise traps**, there are still genera for which males have never been collected. Below we group some genera with regard to their abundance or rarity in collections.

Five genera with the greatest ant **diversity** (85 to >200 species) contain slightly more than half the estimated ant species on Madagascar. We suggest that you learn these genera first, as they will be the first ants you encounter in almost every **macro-habitat** and **micro-habitat**: *Camponotus, Hypoponera, Pheidole, Strumigenys,* and *Tetramorium*.

Ten genera are endemic to the island; that is to say, they are found nowhere else in the world, and, as such, deserve high conservation consideration: *Adetomyrma, Aptinoma, Eutetramorium, Lividopone, Malagidris, Pilotrochus, Ravavy, Royidris, Tanipone,* and *Vitsika*. One species of *Eutetramorium* is also known on Mohéli, in the Comoros Archipelago.

Nine genera are very difficult to

qu'une espèce d'*Eutetramorium* se rencontre aussi à Mohéli, dans l'Archipel des Comores.

Neuf genres sont très difficiles à trouver parce qu'ils sont vraiment rares ou parce qu'ils nichent et s'alimentent dans des micro-habitats difficiles à inspecter. Les genres suivants sont aussi difficiles à trouver que du *Vary amin'anana* (riz bouilli typique des Hautes Terres centrales) dans le Sud de Madagascar ; et quand finalement vous en trouvez un, réjouissez-vous comme si vous avez découvert le plus précieux trésor. Il s'agit de : *Adetomyrma*, *Chrysapace*, *Discothyrea*, *Metapone*, *Parvaponera*, *Pilotrochus*, *Probolomyrmex*, *Stigmatomma* et *Xymmer*.

Etant donné l'origine incertaine de quelques fourmis du Sud-ouest de l'Océan Indien, plus spécifiquement Madagascar, les Comores, les Seychelles et les îles Mascareignes (comprenant La Réunion, Maurice, et Rodrigues), quelques genres ont des espèces qui pourraient avoir été introduites par l'homme à Madagascar. Il s'agit de : *Brachymyrmex*, *Erromyrma*, *Lepisiota*, *Ooceraea*, *Ponera* et *Solenopsis*.

Au cours des dix dernières années, nous avons conjugué nos efforts pour collecter des mâles de tous les genres répertoriés à Madagascar. Néanmoins, nous n'avons pu trouver de mâles pour les deux genres suivants : *Chrysapace* et *Parvaponera*. Veuillez nous faire savoir si vous en trouvez.

Techniques de collecte et méthodes sur terrain

Les collectes de fourmis sont souvent

find because they are actually rare or because they nest and forage in difficult to survey micro-habitats. The following genera are harder to find than *vary amin'anana* (rice porridge typical of the Central Highlands) in Toliara; when you do find one, it is like discovering a precious jewel: *Adetomyrma*, *Chrysapace*, *Discothyrea*, *Metapone*, *Parvaponera*, *Pilotrochus*, *Probolomyrmex*, *Stigmatomma*, and *Xymmer*.

The origins of some genera in the southwest Indian Ocean, specifically Madagascar, Comoros, Mascarenes (including Mauritius, La Réunion, and Rodrigues), and Seychelles, are not clear, but the following genera are thought to include only species accidently **introduced** by humans to Madagascar: *Brachymyrmex*, *Erromyrma*, *Lepisiota*, *Ooceraea*, *Ponera*, and *Solenopsis*.

Over the last ten years, we have made a concerted effort to collect males from all ant genera recorded on Madagascar. However, males remain unknown for the following two genera: *Chrysapace* and *Parvaponera*. Please let us know if you find them.

Field collecting techniques and methods

Collections of ants are often made to answer specific questions, like how many species are found in a particular forest? Does the number of colonies of species X change across the landscape or in relation to the number of colonies of species Y? How many species are found in the trees or leaf litter? Techniques for collecting ants differ depending on the

menées dans le but de répondre à des questions bien spécifiques, comme : Combien d'espèces y-a-t-il dans une forêt particulière ? Le nombre de colonies dans une espèce X varie-t-il à travers le paysage ou est-ce en relation avec le nombre de colonies d'une espèce Y ? Combien d'espèces se recontrent dans les arbres ou dans la litière au sol ? Les techniques de collecte des fourmis vont changer suivant le type de question. On considère un échantillon de fourmis comme une collecte isolée. La collecte peut être constituée d'une seule fourmi, d'une série d'individus issus d'une même colonie ou d'un ensemble de fourmis collectées par un piège comme un piège Malaise ou un piège fosse.

Pour collecter des fourmis, l'équipement le plus simple consiste en un tube (ou une fiole) remplis d'éthanol (à au moins 70 % ou, mieux encore, à 95 %) et un aspirateur (Figure 16) ainsi qu'un couteau ou une machette (coupe coupe en malgache) pour creuser dans les bois pourris, couper les brindilles mortes et fouiller le sol. On appelle « collecte à la main » ou « recherche à la main » le fait de collecter les fourmis avec un aspirateur et de simples outils comme un couteau ou une pelle. Autant que possible, la collecte à la main est préférable près des fourmilières et le long des colonnes de fourmis en essayant de capturer 10 à 15 individus représentant les différentes tailles et castes. En général, une collection d'individus issus d'une même fourmilière a plus de valeur pour des études taxonomiques détaillées.

Ci-dessous se trouve une liste des micro-habitats que vous pourriez

specific question. Here we review the common techniques for collecting ant samples. We refer to a sample of ants as the collection event. The collection event could be a single ant, a series of individuals from a colony or samples from a trap like a Malaise trap or a pitfall trap.

To collect ants, the simplest equipment includes a tube (vial) filled with ethanol (with at least 70% or even better 95% ethanol) along with an **aspirator** (Figure 16), and machete (*coup coup* in Malagasy) or knife to dig into rotten wood, slice dead twigs, and excavate the soil. We refer to collecting with an aspirator and a simple tool like a knife or shovel as "hand collecting" or "hand searching". When possible, hand collections should be made from nests or foraging columns and obtain at least 10 to 15 individuals representing all the different sizes and castes. A collection of individuals from a nest series is most valuable for detailed taxonomic studies.

Below is a list of the common **micro-habitats** to search for ants when hand collecting. When collecting ants, indicate the micro-habitat where the ants were found.

- **carton** nests on foliage (e.g. nest of *Crematogaster* that look like termite mounds in the canopy) (Figure 17),
- dead branches above ground,
- dead twigs,
- in soil,
- live stems (note the scientific or common name of the plant!) (Figure 18),
- rotten pockets in a tree trunks above ground (Figure 19),

Figure 16. L'outil le plus utilisé pour collecter des fourmis est l'**aspirateur**, encore appelé **aspirateur à bouche**. Sur le terrain, on ne devrait jamais retourner une pierre ou une branche sans avoir un aspirateur prêt à être utilisé. Un aspirateur consiste en un tuyau flexible de la longueur du bras : une extrémité est maintenue en bouche, l'autre extrémité est ajusté à une pipette en verre ou en plastique. Un morceau de gaze fine est inséré dans la partie élargie de la pipette pour éviter toute ingestion de spécimen. Les fourmis peuvent être collectées par une aspiration rapide, ou par inhalation régulière contre le filtre. Les fourmis sont ensuite transférées dans une fiole de collection en envoyant un souffle d'air. (Cliché par B. Fisher.) / **Figure 16**. The most commonly used collecting tool is the **aspirator**, also called a "**pooter**." During fieldwork, one never turns over a stone or a log without having a pooter at the ready. A pooter consists of an arm's length of flexible tubing; one end is held in the mouth, and the other end is fitted with a glass or plastic pipette; a piece of fine gauze is inserted into the wide end of the pipette to prevent ingestion of specimens. Ants may be collected with a quick inhale, held against the filter with steady inhalation, and then transferred into a collection vial by blowing a puff of air (pooting). (Photo by B. Fisher.)

explorer quand vous faites des collectes à la main. Quand vous collectez des fourmis, n'oubliez pas d'indiquer le **micro-habitat** dans lequel les fourmis ont été trouvées.

- **Nid en carton** dans les feuillages (par ex. les fourmilières de Crematogaster ressemblent à des termitières perchées dans la canopée) (Figure 17)
- Branche morte au sol
- Brindille morte
- Dans le sol
- Tige vivante (veuillez noter

- rotten logs,
- rotten sticks on ground,
- rotting tree stumps,
- termite mounds,
- foraging on the ground,
- ground nests,
- on low vegetation,
- on tree trunks,
- in litter (leaf mold, rotten leaves) [note if litter on ground or on vegetation],
- under stones,
- under tree bark of living trees.

le nom commun ou le nom scientifique de la plante) (Figure 18)
- Cavité pourrie dans un tronc d'arbre au-dessus du sol (Figure 19)
- Rondin pourri
- Branche pourrie au sol
- Tronçon d'arbre pourri
- Termitière
- Patrouillant au sol
- Fourmilière au sol
- Sur la végétation basse
- Sur un tronc d'arbre
- Dans la litière (feuilles moisies, feuilles pourries) (veuillez noter si la litière était au sol ou sur de la végétation)
- Sous une pierre
- Sous l'écorce d'un arbre vivant

More specialized methods and traps for collecting include the following techniques:

- at lights at night to collect flying ants (Figure 20)
- baiting with cookies or sardines
- beating low vegetation (Figure 21)
- **Malaise traps** (Figure 22)
- **pitfall traps** (Figure 23)
- **sweeping** vegetation
- yellow pan traps (Figure 24)
- **Winkler** or **Berlese** extraction of sifted litter (Figures 25-26)

Figure 17. Certaines fourmis, comme *Aphaenogaster*, *Pheidole*, ou plus communément *Crematogaster* (montré ici) construisent des nids de carton, faits de plantes mâchées. (Cliché par B. Fisher.) / **Figure 17**. Some ants construct their nests out of **carton** (chewed plant material) such as *Aphaenogaster*, *Pheidole*, or more commonly *Crematogaster* (shown here). (Photo by B. Fisher.)

Figure 18. Il y a au moins trois cas de **mutualismes** fourmi-plante à Madagascar. Ici, *Vitsika breviscapa* est en train de quitter son nid sécurisé dans la tige gonflée et creuse du mélastome *Gravesia*. La tige comporte une fenêtre ramollie que les fourmis peuvent mâcher pour accéder à l'intérieur de la tige. *Tetramorium silvicola* est une autre fourmi partenaire de plante qui occupe *Gravesia*. (Cliché par D. Lin.) / **Figure 18**. There are at least three **ant-plant mutualisms** on Madagascar. Here is *Vitsika breviscapa* leaving its secure home in the swollen, hollow stem of the melastome *Gravesia*. The stem includes a weakened window that the ants can chew through to access the stem's interior. *Tetramorium silvicola* is another plant-ant that occupies *Gravesia*. (Photo by D. Lin.)

Figure 19. Les cavités pourries à l'intérieur des troncs d'arbre offrent un nid pour de nombreuses fourmis, qui vivent également dans les troncs pourris sur le sol. Montré ici est un nid d'*Aphaenogaster*, qui utilise du **carton** pour obturer l'ouverture de la cavité. (Cliché par B. Fisher.) / **Figure 19**. Rotten cavities in tree trunks provide a home for many ants that also live in large rotten branches on the ground. Show here is a nest of *Aphaenogaster species*, which used **carton** material to close the opening of the rotten cavity. (Photo by B. Fisher.)

Figure 20. La tombée de la nuit est un bon moment pour capturer les mâles et les **reines** ailés en utilisant la technique du piège lumineux. Ces collecteurs espèrent capturer un mâle de *Parvaponera*. (Cliché par B. Fisher.) / **Figure 20**. Just after dark is a good time to capture winged males and **queens** using the technique of light trapping. These light trap collectors on Nosy Faly are hoping for a male of *Parvaponera*. (Photo by B. Fisher.)

Figure 21. Faire de la collecte en battant la végétation basse demande que l'on étale d'abord un drap blanc au sol, au pied de la végétation, avant de frapper les branches et les feuilles par-dessus à l'aide d'un long bâton fin. Un **aspirateur** est ensuite utilisé pour collecter toutes fourmis tombées sur le drap. Les brindilles qui sont tombées sont cassées pour vérifier si l'intérieur ne renferme pas de nid de fourmi comme *Crematogaster*, *Nesomyrmex*, *Plagiolepis*, *Tetraponera* (ou très occasionnellement *Simopone* ou *Aptinoma*). (Cliché par B. Fisher.) / **Figure 21**. Collecting by beating low vegetation requires spreading a white sheet at the base of vegetation and knocking a long, thin stick against the leaves and branches above. Use a **pooter** to collect any ants that fall on the sheet, and break up any twigs that fall to look for nests of genera such as *Crematogaster*, *Nesomyrmex*, *Plagiolepis*, *Tetraponera*, and, very occasionally, *Simopone* or *Aptinoma*. (Photo by B. Fisher.)

Figure 22. Les **pièges Malaise** sont comme des tentes qui capturent les insectes volants. Ces derniers, ne voyant pas la paroi inférieure du piège, se heurtent au piège. En essayant de s'échapper en volant vers le haut, les insectes sont alors capturés par le toit de maille blanche, puis ils sont dirigés vers une bouteille contenant de l'éthanol. Un piège Malaise est une des meilleures méthodes pour capturer les fourmis mâles et les reines ailées ; mais il capture également les ouvrières qui s'acheminent vers la bouteille. (Cliché par B. Fisher.) / **Figure 22**. **Malaise traps** are like tents that trap flying insects. Flying insects do not see the dark lower wall of the trap. When they hit the tent, they try to escape by flying upward, but are trapped by the white mesh canopy instead and directed into a bottle containing ethanol. A Malaise trap is one of the best methods for trapping winged males and **queens** but also catches **workers** that walk into the bottle. (Photo by B. Fisher.)

Figure 23. Les pièges pitfall capturent les fourmis en train de chercher de la nourriture au sol. Ces pièges sont particulièrement utiles dans les **habitats** avec peu de litière végétale, dans les zones ouvertes ou sur un sol nu. (Cliché par B. Fisher.) / **Figure 23**. **Pitfall traps** capture ants that forage on the open ground and are especially useful in **habitats** with sparse leaf litter and areas of open or bare soil. (Photo by B. Fisher.)

Figure 24. Les pièges jaunes (en jaune, rouge ou en une autre couleur) attirent les insectes volants, surtout les petits hyménoptères. (Cliché par B. Fisher.) / **Figure 24**. Yellow pan traps (or blue, red or other colors) attract flying insects, especially small Hymenoptera. (Photo by B. Fisher.)

Figure 25. Pour préparer un échantillon pour un **extracteur Winkler** ou pour un **dispositif de Berlèse**, on hache la litière de feuilles avec une large machette (*coupe coupe*), puis on ratisse le matériel à travers le tamis (Cliché par F. Esteves.) / **Figure 25**. To prepare a sample for **Winkler** or **Berlese** extraction, chop up leaf litter and with a large machete (*coupe coupe*), and then rake the material into a sifter. (Photo by F. Esteves.)

Figure 26. La litière tamisée peut être placée dans des sacs de l'**extracteur Winkler** ; au bout de quelques heures, les fourmis vont migrer dans le sac à éthanol placé en bas du piège. Cette méthode est la plus efficace pour collecter des fourmis habitant la litière végétale et le bois pourri (Cliché par D. Lin.) / **Figure 26**. Sifted litter can be placed in **Winkler** extraction bags; within hours, the ants move down into a bag of ethanol at the bottom of the trap. Leaf litter sifting is the most efficient way to collect ants in **habitats** with leaf litter and rotten wood. (Photo by D. Lin.)

Parmi les méthodes plus spécialisées de collecte et de piégeage se trouvent les techniques suivantes :

• Utiliser des lumières la nuit pour collecter les fourmis volantes (Figure 20)
• Utiliser des appats composés de biscuits ou de sardines
• Battre la végétation basse (Figure 21)
• Utiliser des pièges Malaise (Figure 22)
• Utiliser des pièges fosses (pitfall) (Figure 23)
• Faucher la végétation
• Utiliser des pièges jaunes (Figure 24)
• Utiliser un **dispositif de Winkler** ou des **entonnoirs de Berlèse** sur des extractions de litière tamisée (Figures 25 & 26)

Données sur les spécimens

Il y a beaucoup à apprendre des fourmis de Madagascar et nous espérons que ce guide vous inspirera à contribuer aux connaissances existantes en collectant vous aussi des fourmis. En tant que collecteur, vous ne pouvez pas prédire le type de recherche qui pourra être mené sur vos spécimens ou avec vos données, des études des plus inattendues pouvant avoir lieu. Mais, d'une manière générale, la valeur de votre collection dépendra entièrement de la qualité des données que vous y aurez rattachées. Des bonnes données sur les spécimens comportent des détails de la localisation de la collecte.

Specimen data

There is much to learn about the ants of Madagascar, and we hope this guide inspires you to contribute to the knowledge of ants by collecting. As a collector, you cannot predict the type of research that will be done with your specimens and data, but this information may be used in unforeseen ways. Overall, the value of your collection is only as good as the associated data. Good specimen data include details on the location of the collection event.

Latitude and longitude coordinates are a standard, convenient means to define a locality; coordinates can also be used to map the locations of collections. Always use decimal degrees and include as many decimals of precision as given by coordinate sources such as a GPS unit or online map. Decimal degrees given to five decimal places are far more precise than a measurement in degrees minutes seconds, and more precise than a measurement in degrees decimal minutes given to three decimal places.

It is often not feasible to record coordinates for the exact location of each collection event. Instead, we often collect coordinates for a general area of collecting. It is important to note whether coordinates are for a specific collection or a field site. If for a general area, note the extent of the area of collection. The extent is expressed as maximum distance from where you take the coordinate reading to where you collected specimens. In the example below, -24.14098, 47.03689 ± 50 m indicates that the samples were

Les coordonnées de latitude et de longitude sont standard et sont un moyen très pratique pour définir une localité. Ces coordonnées peuvent alors être utilisées pour cartographier les sites des collectes. Veuillez utiliser les degrés décimaux et inclure autant de décimales que possible telles qu'elles sont données par les outils comme les unités GPS ou les cartes en ligne. Des coordonnés données en degré avec cinq décimales sont bien plus précises que celles données sous formes de minutes et secondes, et plus précises que celles données sous forme de degrés décimaux et minutes avec trois décimales.

Comme il n'est pas toujours possible de noter les coordonnées de la localité exacte de chaque collecte, les coordonnées pour la zone de collecte en général sont alors utilisées. Il est par contre important de noter si les coordonnées enregistrées correspondent à une localité spécifique ou à un site d'étude en général. Dans ce dernier cas, veuillez noter l'étendue de la zone de collecte qui sera alors exprimée par rapport à la distance maximale entre l'endroit où vous avez enregistré les coordonnées et ceux où vous avez collecté des spécimens. Dans l'exemple ci-dessous, -24,14098, 47,03689 ± 50 m indique que les spécimens étaient collectés dans un rayon de 50 m autour des coordonnées données.

En plus des coordonnées, il faut inclure une description textuelle de la localité. Cette description n'est pas utilisée pour des analyses mais donne un moyen de validation des coordonnées. La mesure dans laquelle la validation peut avoir lieu

collected in a 50 m radius around the given coordinates.

In addition to coordinates, include a text description of the locality. The text description is not used in analysis but provides a way to validate the coordinates. The extent to which validation can occur depends on how well the locality description depicts the place where the coordinates were taken. The highest quality locality description is one with as few sources of uncertainty as possible. On Madagascar, where many localities have the same name and names are spelled in many ways, it is also important to include reference names that are easy to find on available maps and gazetteers. In the example below, the reference point is a well-known town on the coast (Manantenina) rather than a small village in the mountains. Though a closer reference point would reduce errors in validating the coordinates, the name of the small village may not be available from different map sources. If a locality place name could be confused with another feature such as a river, populated place, or administrative division, specify the feature following the place name (e.g. river, mountain, town, and province).

Here is an example specimen record showing the type of data that should accompany an ant collection event. The following guide to the type of information one should obtain was developed from the numerous specimens that have been collected across Madagascar over the years. The data includes information on the geographic location but also the habitat, date, and collector.

dépend de la façon dont la description de la localité décrit bien l'endroit où les coordonnées ont été prises. Une bonne description de la localité devrait laisser place au moins d'incertitude que possible. Il est particulièrement important d'inclure le nom de la localité de référence se trouvant à proximité, tel que cela pourrait facilement se trouver sur les cartes et dans les index géographiques existants. A Madagascar, de nombreuses localités ont effectivement les mêmes noms avec des orthographes très variables. Dans l'exemple ci-dessous, le point de référence donné est une ville bien connue le long de la côte (Manantenina) plutôt que le petit village dans les montagnes. Bien qu'un point de référence plus proche puisse réduire les erreurs dans la validation des coordonnées, le nom du petit village choisi pourrait ne figurer sur aucune des cartes existantes. Si le point de référence pourrait se confondre avec un autre endroit –une autre localité habitée, une division administrative, une rivière, etc.– veuillez alors spécifier le type de référence après le nom donné (par ex. ville, province, rivière, montagne).

Voici un exemple de donnée enregistrée montrant les types d'information devant accompagner une collecte de fourmis. Ce modèle est basé sur les nombreuses années de pratique que nous avons à Madagascar pour la collecte de nos spécimens. Ces données comportent non seulement des informations géographiques sur la localité mais également des descriptions de l'habitat ainsi que la date de collecte et le nom du collecteur.

Country: **Madagascar**
Administrative units: **Toliara Province, Anosy Region**
Locality name: **Anosyenne Mts, 32.5 km NW Manantenina**
Latitude and longitude: **-24.14098, 47.03689** (format: decimal degrees and indicate how obtained such as GPS or online or printed map)
Extant of collecting area: **50 m**
Elevation: **1510 m** (if you obtain the elevation using a GPS or altimeter, it is always good to double check using Google Earth)
Collection code: **BLF 36673** (field number or collector number)
Date or range of dates: **27. ii.2015** (DD/MM/YYYY or preferably (YYYY/MM/DD)
Habitat: **montane humid forest**
Collecting method/micro-hab itat: **hand search, from dead twig above ground**
Collector(s): **B. L. Fisher**

Luckily, you do not need to write out all of that information and stuff it in a vial with each ant sample collected. Instead, deploy a system of collection codes. The collection code placed in the vial corresponds to a detailed record associated with the full details of the collection event recorded in a durable notebook. The label placed in the vial and your collection notes should be written in permanent ink or using a pencil with hard lead. Below is one example of a collection record described in a field book. Note that the first line includes the date of collection,

Pays : **Madagascar**
Division administrative :
**Province de Toliara, Région
d'Anosy**
Nom de la localité : **Anosyenne
Mt, 32,5 km NO Manantenina**
Latitude et longitude: **-24,14098,
47,03689** (format en degré
décimal. Veuillez préciser si
obtenu par GPS, sur carte en
ligne ou sur carte imprimée)
Etendue de la zone de collecte:
50 m
Altitude : **1510 m** (si vous avez
obtenu l'altitude avec un GPS ou
un altimètre, il est aussi
recommandé de vérifier avec
Google Earth)
Code de la collection : **BLF
36673** (numéro de terrain or
code du collecteur)
Date exacte ou approximative :
27.ii.2015 (JJ/MM/AAAA ou de
préférence (AAA/MM/JJ)
Habitat : **forêt humide de
montagne**
Méthode de collecte / micro-
habitat : **recherche à la main,
brindilles mortes au-dessus
du sol**
Collecteur(s) : **B. L. Fisher**

followed by the locality information,
and all the collections made on the
same date and locality.

27.ii.2015
Locality: Madagascar, Toliara
Province, Anosy Region,
Anosyenne Mts, 32.5 km NW
Manantenina, -24.14098,
47.03689 ± 50 m, 1900 m,
montane humid forest. B. L.
Fisher
Collection #, Field identification,
method, and micro-habitat
BLF36673   *Nesomyrmex*
hand collection, dead twig above
ground in forest
BLF36674   *Monomorium*
hand collection, root mat in forest
BLF36675   *Camponotus*
hand collection, on low
vegetation in forest, close to
natural clearing
BLF36676   Malaise trap at
edge of forest
trap installed on 27.ii.2015 and
disassembled on 30.ii.2015

Heureusement, vous n'avez pas besoin de noter toutes ces informations pour les bourrer dans un tube avec chaque échantillon de fourmis. Vous devez juste adopter un système de codes. Le code de la collection, placé dans le tube, correspond à des informations détaillées qui ont été notées dans un carnet inaltérable. L'étiquette avec le code ainsi que les notes sur la collection doivent être rédigées avec une encre permanente

The unique collection codes, that is to say in this case the BLF numbers, are written out and placed in each vial with the ant specimens.

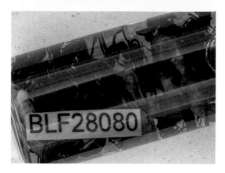

Figure 27. Chaque tube renfermant des spécimens collectés doit inclure le code de la collection (par ex. BLF28080) qui relie les spécimens aux informations sur la collecte et la localité, informations qui ont été notées en détail dans un carnet de terrain. (Cliché par M. Esposito.) / **Figure 27.** Each vial of collected specimens should include a collection code (e.g. BLF28080) that is linked to locality and collection information that has been written out in detail in a field notebook. (Photo by M. Esposito.)

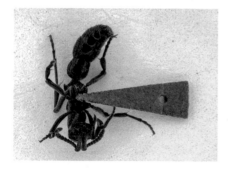

Figure 28. Pour préparer une fourmi pour la recherche, un petit triangle de papier est collé entre les pattes médianes et postérieures du spécimen de fourmi à étudier. Puis épingler le triangle de papier au niveau du point (Des points de bonus si vous arrivez à identifier le genre de la fourmi que l'on prépare.) (Cliché par M. Esposito.) / **Figure 28.** To prepare an ant for study, a small paper triangle is glued between the mid and hind legs. A pin is then put through the paper point. (Extra points if you can identify the genus of the ant being mounted.) (Photo by M. Esposito.)

Figure 29. Placez le papier vers le haut de l'épingle en laissant assez d'espace pour permettre à vos doigts de tenir l'épingle. Orientez les étiquettes dans la même direction que celle pointée par le triangle. Notez que le code de collection (BLF28080) est bien attaché à l'épingle. Les codes de collection suivent toujours les spécimens qui ont été enlevés des tubes de collection. (Cliché par M. Esposito.) / **Figure 29.** Move the paper point up near the top of the pin, leaving enough room for fingers to hold the pin. Orient labels in the same direction as the triangular point. Notice the collection code BLF28080 is included on the pin. Collections codes always follow specimens that have been removed from the collection vial. (Photo by M. Esposito.)

Back in the lab, specimens are sorted and pinned from each of collection (Figure 27-31). A printed label is added to each pinned specimen. Pinned specimens should be labeled with acid free thick card stock, placed in a box that keeps out pests, and stored in a cool, dry location. The printed label for the above specimens looks like this:

Madagascar: Toliara Province, Anosy Region
Anosyenne Mts, 32.5 km NW

ou avec un crayon avec une pointe dure. Ci-dessous est un exemple d'informations notées sur un carnet de terrain. Notez que la première ligne comporte la date de collecte suivie des informations sur la localité et le nom du collecteur, avant que ne vienne la liste de toutes les collections effectuées le même jour sur le même site.

27.ii.2015
Localité : Madagascar, Province de Toliara, Région d'Anosy, Anosyenne Mt, 32,5 km NO Manantenina, -24,14098, 47,03689 50 m, 1900 m, forêt humide de montagne. B. L. Fisher
Numéro (No) de référence de collecte : Identification sur terrain, méthode de collecte et micro-habitat
BLF36673 *Nesomyrmex* collecte à la main, brindilles mortes au-dessus du sol
BLF36674 *Monomorium* collecte à la main, natte racinaire dans la forêt
BLF36675 *Camponotus* collecte à la main, sur la végétation basse dans la forêt, proche d'une clairière naturelle
BLF36676 Piège Malaise à la lisière de la forêt
piège installé le 27.ii.2015 et enlevé le 30.ii.2015

Le code unique alloué à une collecte (dans cet exemple, les numéros BLF) est écrit sur une étiquette et placé dans chaque tube contenant les spécimens de fourmis.

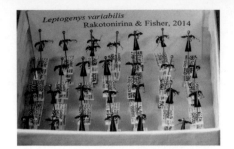

Figure 30. Une fois que les fourmis collectés ont été épinglées et étiquetées, elles sont arrangées dans des boites compartimentées. Notez que toutes les fourmis et leurs étiquettes sont orientées dans la même direction. (Cliché par B. Fisher.) / **Figure 30**. After collected ants have been pinned and labeled, they are arranged in unit trays. Note that all the ants and labels are oriented in the same direction. (Photo by B. Fisher.)

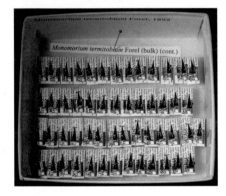

Figure 31. Des collectes partout à Madagascar sont nécessaires pour étudier et pour identifier les spécimens. Il y a un minuscule *Monomorium* sur chaque point noir montré ici. (Cliché par B. Fisher.) / **Figure 31**. Collections from across Madagascar are necessary to study and identify specimens. There is a tiny *Monomorium* glued to each of the black points shown here. (Photo by B. Fisher.)

De retour au laboratoire, les spécimens de chaque collection sont triés et épinglés (Figure 27-31). Une étiquette imprimée sur une carte épaisse sans aucune trace d'acide est ajoutée à chaque spécimen épinglée. Les spécimens épinglés devront ensuite être placés dans une boîte qui les protège des insectes nuisibles et stockées dans un endroit frais et sec. L'étiquette imprimée correspondant aux spécimens de l'exemple ci-dessus apparait comme suit :

> Madagascar : Province de
> Toliara, Région d'Anosy
> Anosyenne Mt, 32,5 km NO
> Manantenina
> -24,14098, 47,03689 ± 50 m,
> 1900 m, 27.ii.2015
> forêt humide de montagne, de
> brindilles mortes au-dessus
> du sol
> B. L. Fisher BLF36673

Les collections de fourmis peuvent être conservées dans des fioles remplies de préférence avec de l'éthanol à 95 %, quoique de l'éthanol à 75 % peut aussi faire l'affaire pour un stockage à court terme. L'éthanol est le type d'alcool utilisé de préférence car il permet de mieux préserver les tissus des spécimens pour des analyses moléculaires tout en facilitant le montage à sec des spécimens pour les collections de musée. Les autres types d'alcool (par ex. le méthanol ou l'isopropyl) ainsi que les solutions formalines (formaldéhyde) ne sont pas recommandés.

> Manantenina
> -24.14098, 47.03689 ± 50 m,
> 1900 m, 27.ii.2015
> montane humid forest, from dead
> twig above ground
> B L. Fisher BLF36673

Ant collections can be stored in vials preferably filled with 95% ethanol, though 70% can also work for short-term storage. Ethanol is the preferred type of alcohol because it preserves specimens that are easier to dry mount for museum collections and better preserves tissues for molecular studies. Other forms of alcohol such as methanol and isopropyl, as well as formalin (formaldehyde) solutions are not recommended.

Morphologie

Ce guide utilise un nombre limité de termes morphologiques pour décrire les traits uniques ou les combinaisons de traits caractérisant chaque sous-famille et genre. Les termes les plus importants sont définis dans le Glossaire et montrés dans le Glossaire illustré. Les images associées à chaque genre montrent les principaux traits de **diagnostic**.

Glossaire définissant les termes utilisés

Ci-dessous se trouvent les termes généralement utilisés dans l'étude de la **biodiversité**, de l'entomologie et de l'identification des fourmis. Ce glossaire a pour but de permettre la lecture de ce guide sans avoir besoin d'autre information que des connaissances générales en biologie. Les définitions données ici sont surtout basée sur les ouvrages de Hölldobler & Wilson (1990), Fisher & Cover (2007) et Fisher & Bolton (2016). Pour l'illustration de l'anatomie des fourmis, veuillez vous référer au Glossaire illustré.

Morphology

The guide uses a limited set of morphological terms to describe the unique traits or combinations of traits for each subfamily and genus. The most important terms are defined in the glossary and shown in the illustrated glossary, presented below. Images associated with each genus also show the principal **diagnostic** traits

Glossary of terms

Included are terms used generally in studies associated with **biodiversity**, entomology, and the identification of ants. The glossary was designed to make it possible to read this book with no more than a general background in biology. Definitions rely heavily on Hölldobler & Wilson (1990), Fisher & Cover (2007), and Fisher & Bolton (2016). For illustrations of anatomy, see the illustrated glossary.

Glossaire définissant les termes utilisés

A

Abdomen : Chez les Hyménoptères **Apocrites**, incluant les fourmis, l'abdomen apparent n'est pas le véritable abdomen. Le véritable premier segment abdominal est fusionné de manière permanente au **thorax**, et il est alors appellé **propodéum**. Comme les fourmis ont toujours un **pétiole**, celui-ci est en réalité le deuxième segment abdominal. Si la taille a deux segments, le segment suivant, le **post-pétiole**, est le troisième segment abdominal. Tout ce qui vient après le pétiole (ou pétiole + post-pétiole) est souvent appelé **gastre**. Les segments de l'abdomen sont indiqués par la lettre « A » suivi du numéro de segment, soit A1 à A7 (Figures M1, M2).

Acidopore : Embouchure circulaire du système de projection d'acide formique dans la sous-famille des Formicinae, situé à l'extrémité du **gastre** et souvent entouré d'une frange de poils (Figure M6).

Aculéates : Groupe d'Hyménoptères **Apocrites**, incluant les fourmis, chez lequel l'ovipositeur est modifié en un dard.

Afro-malgache : Se référant à la fois à la **Région malgache** et à la **Région Afrotropique**.

Afrotropique : Région Africaine Sub-saharienne au sud du désert de Sahara ainsi que la moitié sud de la péninsule Arabique. Madagascar et les îles alentours, auxquels on se réfère séparément sous le terme de **Région malgache**, en sont exclus.

Ailé : Chez les fourmis, c'est un mâle ou une femelle avec des ailes (**gyne**).

Allométrie : Les **ouvrières** d'une même fourmilière peuvent être de la même taille ou avoir des tailles très variables. Quand elles sont toutes de la même taille ou de tailles similaires, on les qualifie de **monomorphique**. Chez certaines espèces, la variation de taille est tellement extrême que les ouvrières de grande taille peuvent être deux fois plus grandes que les petites ouvrières. S'il y a une variation graduelle de la taille entre les petites et les grandes ouvrières, les ouvrières sont qualifiées de **polymorphiques**. S'il existe seulement deux classes distinctes d'ouvrières, alors elles sont qualifiées de **dimorphiques**. Parmi les espèces dimorphiques et polymorphiques, il y a souvent allométrie. C'est-à-dire que la tête et les **mandibules** des ouvrières de grande taille (ouvrières **majeures**) sont extrêmement disproportionnés et plus larges que celles des ouvrières de petite taille (ouvrières **mineures**).

Altitude : Elévation par rapport à un niveau donné, en particulier par rapport au niveau de la mer.

Anguleux : Etre pourvu d'angles ou d'une forme anguleuse.

Antenne : Un long segment fin, le **scape**, qui est suivi dans sa partie distale par 3-11 segments plus courts (l'ensemble est connu sous le nom de **funicule**) chez les **ouvrières** et les

reines, et par 8-12 segments chez les mâles (Figure M3).

Anthropogénique ou **anthropique** : Etre causé par ou être en relation avec les hommes.

Apical : A la pointe ou à l'apex d'une structure, à l'extrémité d'un appendice, un prolongement ou une excroissance au-delà du corps de la fourmi.

Apocrites : Sous-ordre des Hyménoptères pour qui le segment 1 de l'**abdomen** est fusionné avec le **thorax** pour former le **propodéum**. En plus, les **larves** ne possèdent pas de prolongements, excroissances ou appendices en forme de pattes. Les fourmis sont des Apocrites. A comparer avec le sous-ordre des **Symphites**.

Apprimé : Se référant aux poils plaqués contre la surface du corps, donc parallèles ou presque parallèles à la surface.

Arboricole : Se référant aux fourmis vivant et s'alimentant au-dessus du sol (dans les arbres ou autre végétation).

Arthropodes : Animaux **invertébrés** ayant un **exosquelette** (squelette externe), un corps segmenté et des appendices articulés. La lignée des Arthropoda comprend les insectes, les araignées, les milles-pattes et les crustacés.

Aspirateur à bouche : Aspirateur de type simple consistant d'un tube flexible d'environ 50 cm de long. A l'une des extrémités (préalablement apprêtée avec une pièce de gaze comme filtre pour éviter toute ingestion pendant l'inhalation), on tient l'aspirateur à la bouche tandis qu'à l'autre extrémité, on insère une pipette en plastique ou en verre.

Aspirateur : Appareil à succion pour ramasser des insectes.

B

Basal : Situé près ou à la base (ce dernier étant le point d'attache le plus proche du corps de l'organisme).

Basitarse : Segment **basal** du **tarse**. Chez les fourmis, les basitarses sont plus longs que les autres segments des tarses (Figure M5).

Bicaréné : Pourvu de deux projections sous forme de quille.

Bidenté : Pourvu de deux dents.

Biodiversité : Variété des formes vivantes ainsi que des rôles écologiques qu'elles jouent et de la diversité génétique qu'elles contiennent. C'est aussi le nombre d'espèces ou de taxa de niveau supérieur dans une région donnée.

Biogéographie : Etude de la distribution géographique des organismes et de leurs habitats, ainsi que des facteurs historiques et biologiques qui les ont produits.

Bioindicateur : En écologie, c'est un aspect de l'environnement (typiquement une espèce ou un groupe d'espèces) qui est utilisé dans les **suivis** de la **biodiversité**, de l'état écologique et des autres attributs biologiques d'une zone donnée.

Biomasse : C'est la masse (avec ou sans le poids de l'eau, selon le cas) d'une entité biologique déterminée ou d'une collection de plusieurs entités (par ex. une seule fourmi ou toutes les fourmis d'une localité, ou tous les organismes d'une localité).

Bispinose : Pourvu de deux épines.

Bordé ou **marginé :** Se référant aux bords d'une zone, comme le **dorsum** du **pronotum**, marqués par un angle aigü, une crête ou un bourrelet.

Bordure masticatrice : Bord interne de la **mandibule**, utilisé pour le traitement de la nourriture ; souvent avec une série de dents.

Bouclier promésonotal ou **bouclier du promésonotum :** Présent uniquement chez *Meranoplus*, en vue **dorsale**, le **pronotum** et le **mésonotum** se joignent pour former une plaque ou un bouclier.

Bourrelet cuticulaire : Rebord saillant de côte ou de crête, constitué de **cuticule**.

Brachyptère : Pourvu d'ailes rudimentaires ou d'ailes anormalement courtes.

C

Capsule céphalique : Boîte compacte renforcée formée par les **sclérites** fusionnés de la tête d'un arthropode. La capsule céphalique est souvent trouvée non digérée dans l'estomac des grenouilles, permettant l'identification du genre d'insecte.

Carène frontale : Crête, protubérance ou ride élevée (en fait, une paire) partant des **insertions antennaires** vers l'arrière de la tête. Les carènes frontales sont de longueur et de hauteur variables. Latéralement, ils développent souvent des **lobes frontaux** qui peuvent se chevaucher partiellement ou entièrement avec les **fossettes antennaires** (Figure M3).

Carène nucale : Crête située vers l'arrière de la **capsule céphalique,** séparant les surfaces **dorsales** et latérales de l'**occiput**.

Carène occipitale : Crête traversant la surface postérieure de la **capsule céphalique**.

Carène : Crête, protubérance ou ride élevée sur l'**intégument** d'un insecte (Figure M3).

Carinate : Pourvu d'au moins une carène.

Carnivore : Se nourrissant d'autres animaux.

Carton : En **myrmécologie**, c'est un matériel de construction élaboré par certaines fourmis, utilisant des morceaux ou de la pâte de bois, des matières végétales sèches et du sol, généralement utilisé pour former une enceinte de protection autour des nids. L'ensemble, commun chez les fourmis arboricoles du genre *Crematogaster*, constitue alors ce que l'on appelle « nid en carton ».

Caste : Membres d'une colonie de fourmis qui sont morphologiquement (et fonctionnellement) distincts

(**ouvrières**, femelles reproductives ou « **reines** », et mâles). Il peut aussi y avoir des sous-castes, comme les ouvrières **majeures** et **mineures**, ainsi qu'une troisième caste, les **soldats**.

Cavité buccale : Cavité dans la partie inférieure à l'avant de la tête. De part et d'autre de cette cavité se trouvent les **mandibules**. La cavité buccale est également bordée par le **labre (ou labrum)** et les **palpes**.

Clade : Groupe **monophylétique** dérivé d'un ancêtre commun.

Clypeus (adjectif clypéal) **:** Plaque sur la face supérieure à l'avant de la tête, juste au dessus des **mandibules** (Figure M3).

Cochenille diaspine : Insecte de la famille des Diaspididae (ordre Hemiptera). C'est la plus grande famille de cochenilles, qui se nourrissent en aspirant les liquides des parenchymes cellulaires des plantes.

Collecteur de fourmis : Personne ayant collecté des spécimens de fourmis.

Colonisation : Processus permettant l'expansion de la distribution d'une espèce. La propagation facilitée par l'homme ou la colonisation naturelle dans de nouveaux environnements sont sujettes aux mêmes contraintes pour la survie, la reproduction, la dispersion ou l'expansion de leur distribution.

Comptage des palpes : [n,n] indique respectivement le nombre de segments dans les **palpes maxillaires** et le nombre de segments dans les **palpes labiaux**. Par exemple, un comptage de [6,4], indique six segments maxillaires et quatre segments labiaux.

Condyle : Structure ressemblant souvent à une balle qui permet l'articulation d'un appendice ou une excroissance à la surface du corps, comme c'est observable sur le condyle **basal** du **scape** antennaire.

Coniforme ou **conique :** Ayant la forme d'un cône.

Côte ou **costa :** Crête, ride ou protubérance.

Côtelé : Pourvu de crêtes ou de rides longitudinales (**costa**) bien plus grossières que des carènes. Parfois, la surface du corps peut être juste légèrement ondulée, avec des rides moins prééminentes.

Coxa : Segment **basal** de la patte des **arthropodes** ; segment joignant la patte avec le **thorax** (Figures M1, M2, M5).

Cryptique : Se référant aux espèces qui sont difficiles à trouver à cause de la localisation de leur zone d'alimentation ou de nidification. Elles peuvent aussi être difficiles à identifier à cause d'une similarité morphologique avec une autre espèce.

Cunéiforme : En forme de pointe triangulaire.

Cuticule : Partie majeure de l'**intégument** (enveloppe) des **arthropodes**, formant le gros de

l'**exosquelette** (squelette externe) qui supporte et protège la portion externe du corps. Formée par une sécrétion de l'**épiderme**, la cuticule couvre le corps entier des arthropodes et tapisse les invaginations **ectodermiques** comme la trachée et l'intérieur de l'intestin.

D

Déclivité : Surface en pente, comme c'est le cas à l'arrière du **propodéum**.

Dent de l'hypostoma : Chez les fourmis, surtout les **soldats** du genre *Pheidole*, il s'agit d'une ou de plusieurs paires de dents triangulaires ou rondes qui se projettent vers l'avant du bord antérieur de l'**hypostoma**.

Denté : Possédant des dents, comme c'est le cas des bords dentés des **mandibules**.

Denticule : Petite dent.

Denticulé : Possédant de nombreuses dents minuscules.

Dentiforme : Ayant la forme ou la structure d'une dent.

Déprimé : Paraissant en creux, comme c'est le cas du **propodéum** qui est déprimé en dessous du rebord du **promésonotum**.

Désailée : Se référant à une **reine** ayant perdu ses ailes. Après un accouplement, les reines arrachent leurs ailes puisqu'elles n'auront plus besoin de voler.

Diagnostic : Ensemble des caractères distinguant un groupe ou une espèce des autres.

Dimorphique : Se référant à l'existence de deux sous-castes (ou classes) bien distinctes par la taille, au sein du système de **castes** à l'intérieur d'une colonie de fourmis, sans qu'il n'y ait des sous-castes intermédiaires (à comparer avec **monomorphique**, **polymorphique**).

Dispositif de Berlese (entonnoir de Berlese) : Instrument pour collecter les petits **arthropodes** du sol ou de la litière. Le dispositif est composé d'une lampe électrique montée au-dessus d'un entonnoir muni d'un tamis, d'un morceau de tissu ou autre grillage. La litière est placée au-dessus du tamis et les arthropodes sont poussés vers le bas par la combinaison de la chaleur et de la sècheresse causée par la lampe. Les arthropodes tombés dans l'entonnoir atterrissent dans un bocal placé en dessous du système et contenant de l'alcool ou d'un autre agent pour tuer et conserver les spécimens collectés.

Distal : Situé à l'extrémité libre ou proche de l'extrémité libre d'une structure morphologique, c'est être situé le plus éloigné possible du centre du corps.

Diversité : Terme souvent utilisé dans le contexte de la diversité spécifique. C'est le nombre d'espèces différentes présentes sur un site donné.

Domatie : Structure spécialisée d'une plante (comme des tiges gonflées ou des épines creuses)

utilisée pour héberger une colonie de fourmis.

Dorsal : Se référant au dorsum (ou à la surface supérieure). A l'opposé de **ventral**.

Durabilité ou **viabilité :** Utilisation équitable, éthique et efficace des ressources naturelles et sociales.

E

Ecaille : Se référant à la forme du **nœud pétiolaire** du **pétiole**. Terme utilisé quand le nœud est compressé d'avant en arrière, ressemblant alors à une fine écaille quand elle est vue de profil. Cette forme en écaille du nœud pétiolaire est présente chez certains Dolichoderinae, Formicinae et Ponerinae.

Ecorégion : Large étendue de terre ou d'eau renfermant un assemblage d'espèces, de communautés naturelles ou de conditions environnementales, bien distinct de tous les autres d'un point de vue géographique.

Ectodermique : Se référant à la couche externe du corps.

Edenté : Sans dent.

Endémisme : Qualité d'être **indigène** d'une région géographique spécifique et d'être limité exclusivement à celle-ci.

Envahissant : Se référant à une espèce **introduite** qui s'est répandue à un point où cela provoque des dommages sur l'environnement, l'économie ou la santé humaine.

Eperon : Appendice ayant une forme d'épine à l'apex du **tibia** ; souvent présent par paires (Figure M5).

Epiderme : Couche la plus externe de la « peau ».

Epigéique : Se référant à la vie, ou du moins à l'alimentation, au-dessus de la surface du sol. A l'opposé de **hypogéique**.

Ergatoïde : Se référant à une **reine** ou à un mâle émergeant à l'état adulte sans ailes. A cause de l'absence de muscles des ailes, le **thorax** est réduit, similaire à celui d'une **ouvrière**.

Eusocialité (vraie socialité, socialité supérieure) : Condition dans laquelle les trois traits suivants s'observent : a) coopération dans les soins aux jeunes ; b) division des tâches selon le statut reproductif, avec les individus plus ou moins stériles travaillant pour les individus engagés dans la reproduction ; et c) chevauchement d'au moins deux stades de développement capables de contribuer aux activités de la colonie. En fait, toutes les fourmis sont eusociales.

Evolution : Processus par lequel différents types d'organismes vivants se sont développés et se sont diversifiés à partir de leurs formes antérieures au cours de l'histoire de la terre.

Exosquelette : Couche rigide externe du corps des **arthropodes**.

F

Facette : Encore appelée **ommatidium**, c'est une des unités de l'oeil composé.

Falqué : Incurvé, ayant la forme d'une faucile ou d'un sabre.

Fauchage : Mode d'utilisation du **filet fauchoir** pour collecter insectes et autres invertébrés dans les herbes longues.

Fémur : Premier long segment d'une patte, généralement le troisième segment (après le coxa et le minuscule **trochanter**) (Figure M5).

Fenestra : Section fine de la **cuticule**, très souvent translucide.

Filet fauchoir : Filet robuste, souvent fait de toile, pour la collecte d'insectes grâce à un mouvement de **fauchage** à travers la végétation.

Fission : Division d'une colonie en deux parties autonomes, chacune avec une **reine** fonctionnelle.

Fondatrice : Chez les fourmis, c'est une **reine** récemment accouplée, à l'origine d'une nouvelle colonie.

Formicidés : Famille des Hyménoptères comprenant toutes les fourmis. Famille caractérisée par des **mandibules** pointées vers l'avant chez les **reines** et les **ouvrières**, une **glande métapleurale** (quoique secondairement absente chez certains groupes) et d'un **pétiole**.

Fossette antennaire : Vers l'avant de la tête, c'est la cavité ou la dépression qui entoure le manchon dans lequel le **scape** antennaire s'articule.

Fovéa ou **fossette** : Dépression ou trou large et profond à la surface du corps. Parfois, c'est toute la surface du corps qui en est recouverte.

Front : Chez les insectes, c'est le **sclérite** au niveau de la tête, suivant immédiatement le **clypeus**.

Funicule : Toute portion de l'**antenne** au-delà du premier segment (**scape**).

G

Gamergate : **Ouvrière** accouplée et pondeuse.

Gamète : Cellule reproductive d'un organisme. Le gamète femelle est l'ovule ou cellule œuf, tandis que le gamète mâle est le sperme ou spermatozoïde. Les gamètes sont des cellules haploïdes, chacune contenant seulement une copie de chaque chromosome.

Gastral : Relatif au **gastre**.

Gastre ou **métasome** : Chez les fourmis, c'est la dernière partie du corps, après le **pétiole** ou le **post-pétiole**. Chaque segment du gastre possède un **tergite**, correspondant à la plaque dorsale (supérieure) (Figure M2)

Genitalia : Organes reproducteurs mâle ou femelle.

Glande métapleurale : Glande caractéristique chez les fourmis, localisée au niveau de l'angle postéro-ventrale du **métapleuron** (zone

latérale du **mésosome**, au-dessus de la **métacoxa**). Cette glande produit des substances antibiotiques pour combattre les microbes pathogènes à l'intérieur de la fourmilière (Figure M2).

Glande métatibiale : Glande localisée sur la face **ventrale** (ou en de rares cas, sur la face postérieure) du **métatibia,** mais généralement à proximité de l'**éperon** métatibial (Figure M5).

Granivore : Se nourrissant de graines.

Griffe prétarsale ou **griffe du prétarse :** Griffe se projetant de l'apex du dernier segment tarsal. La courbure interne de chaque griffe peut être une surface simple, lisse et concave. Elle peut aussi avoir une ou plusieurs dents préapicales. La griffe peut par ailleurs être **pectinée** (Figure M5).

Gyne ou **reine :** Femelle de la **caste** reproductive.

H

Habitat : Environnement d'un animal, d'une plante ou de tout autre organisme.

Habitus : Forme ou apparence générale.

Helcium : Présclérite spécialisé et de taille très réduite du segment abdominal 3, formant l'articulation avec le **pétiole** (A2). En général, l'helcium est partiellement ou entièrement caché par le foramen postérieur du pétiole, bien que chez certains groupes, l'helcium est en partie visible (Figure M2).

Holotype : En **taxonomie**, c'est un spécimen unique désigné comme le type portant le nom d'une espèce ou sous-espèce.

Humérus : En vue dorsale, l'humérus forme avec le mésosoma, la commissure antérolatérale ou angle du **pronotum,** l' « épaule ». Ces commissures ou angles peuvent aussi être appelés angles huméraux.

Hypogéique : Se référant à une vie principalement en-dessous de la surface du sol, ou du moins sous la litière de feuilles, sous les pierres et les branches mortes. C'est l'opposé d'**épigéique**.

Hypopygium : Chez les **ouvrières** et les **reines**, le dernier **tergite** visible (A7) s'appelle **pygidium** tandis que la partie correspondante au niveau du **sternite** est l'hypopygium. On distingue l'hypopygium du pygidium parce que chez certains groupes de fourmis, l'un (ou les deux) peut présenter une **morphologie** spécialisée (Figures M2, M4).

Hypostome : Région antéroventrale de la tête ; zone de **cuticle** immédiatement après la **cavité buccale** et formant le bord postérieur de cette dernière.

I

Iles granitiques : Dans les Seychelles, les îles granitiques sont des fragments du supercontinent du Gondwana qui se sont separés des autres masses continentales il y a 75 million d'années.

Imprimé ou **marqué** : Se référant au fait d'être marqué par pression, comme dans le cas des **sutures** imprimées/marquées.

Indigène : Se référant à une espèce qui se rencontre naturellement dans un endroit donné. Une espèce indigène peut aussi être endémique.

Insertion antennaire : Les **condyles** de la **scape** antennaire sont articulés au niveau des insertions antennaires (Figure M3).

Intégument : Couche la plus externe chez les **arthropodes**, comprenant la membrane basale, l'**épiderme** et la **cuticule**. L'intégument fonctionne à la fois comme une barrière contre le dessèchement et les pathogènes, et comme un squelette (pour la protection mécanique et l'attachement des muscles).

Introduit : Se référant à une espèce non-indigène présente dans une zone donnée suite à un accident humain (par ex. transport par l'homme).

Invertébré : Animal sans colonne vertébrale, comme les insectes, les crabes, les escargots, les étoiles de mer, les poulpes, les oursins, les méduses ou les vers de terre.

L

Labre ou **labrum** : Rabat mobile pivotant devant le **clypéus**, généralement invisible vu de dessus. Le labre se replie souvent pour couvrir les palpes et la langue.

Lamelle : Crête ou fin processus semblable à une plaque, souvent plus ou moins translucide.

Largeur de la tête : Avec la tête observée en vue frontale, c'est la largeur maximale de la tête, sans les yeux composés.

Larve : Forme immature d'un insecte ; stade entre l'œuf et la pupe ou chrysalide.

Lectotype : En **taxonomie**, c'est une des séries de **syntypes** qui, suite à la publication de la description originale, est sélectionnée (et désignée par ladite publication) pour jouer la même fonction qu'un spécimen **holotype**.

Ligne apophysaire : Ligne visible extérieurement, marquant la trace interne de **processus cuticulaires** pour l'attachement des muscles.

Lignée : Groupe d'organismes descendant d'un ancêtre commun. Voir **clade**.

Lobe frontal : Voir **carène frontale**.

Lobe propodéal : Projection plutôt arrondie à la base du **propodéum** et au-dessus de la **coxa** postérieure. Elle protège le point d'attache du **pétiole** au **mésosome**.

Lumière noire (UV) : Lumière ultraviolette utilisée pour attirer les insectes nocturnes, y compris les nombreux papillons de nuits, les coléoptères et les fourmis ailées.

M

Macro-habitat : **Habitat** de taille relativement grande contenant de

multiples **micro-habitats**. Dans ce guide, nous utilisons la classification suivante pour désigner les macro-habitats de Madagascar: forêt humide littorale (forêt côtière sur du sable), forêt humide (forêt de basse altitude jusqu'à 1000 m), forêt de montagne (forêt humide au-dessus de 1000 m), fourré éricoïde (lande/bruyère de montage au-dessus de 2000 m), forêt sèche (forêt sèche caducifoliée) et fourré épineux (bush épineux du Sud-ouest et du Sud).

Mandibule : « Mâchoire » ; c'est une paire d'appendices à l'avant de la tête, autour de la bouche de l'insecte.

Massue antennaire : Se référant aux 1, 2, 3 ou 4 segments distaux de l'**antenne** qui sont visiblement plus élargis que les segments à la base, formant alors un apex en forme de massue.

Mésobasitarse : Basitarse de la patte médiane (Figure M5).

Mésocoxa : Coxa de la patte médiane (Figures M2, M5).

Mésonotum : Sclérite dorsal du thorax, entre le **pronotum** et le **propodéum** (Figures M1, M2). Particulièrement élargi chez les Hyménoptères volants à cause de leurs muscles alaires.

Mésopleuron : Voir **pleurite/ pleuron**.

Mésosome : Chez les fourmis et autres hyménoptères **apocrite**, le « **thorax** » est appelé mésosome car constitué du véritable thorax fusionné avec le véritable premier segment abdominal

(c.-à-d. le **propodéum**). Les pattes et les ailes (quand ces dernières existent) partent du mésosome (Figures M1, M2).

Mésotibia : Tibia de la patte médiane (Figures M1, M2).

Métabasitarse : Basitarse de la patte arrière (Figure M5).

Métacoxa : Coxa de la patte arrière (Figures M1, M2).

Métamorphose : Dans une métamorphose complète, l'insecte passe par quatre stades distincts qui produisent un adulte très dissemblable de la larve. Après l'œuf, l'insecte passe par un stade larvaire, puis entre dans un stade inactif appelé pupe (appelé «chrysalide» chez les papillons), avant de finalement émerger en tant qu'adulte.

Métanotal : Se référant au **sclérite** supérieure du **métathorax** qui est souvent réduit à l'état de sillon (le sillon métanotal) divisant le **mésonotum** du **propodéum** (Figure M1).

Métanotum : Partie **dorsale** du **métathorax** (segment thoracique 3).

Métapleuron : Zone latérale du **mésosome** au-dessus de la **métacoxa**.

Métasome : Voir **gastre**.

Métathorax : Partie postérieure des trois principales subdivisions du **thorax** d'un insecte. C'est du métathorax que partent la paire d'ailes postérieures et les pattes arrière. Le

métathorax est extrêmement réduit chez les hyménoptères **apocrites**.

Métatibia : **Tibia** de la patte arrière (Figure M5).

Micro-habitat : Habitat spécialisé de petite taille à l'intérieur d'un habitat plus grand. Un exemple de micro-habitat est une branche pourrie sur le sol d'une forêt.

Miellat : Liquide visqueux, riche en sucre, excrété par les pucerons et certaines cochenilles qui se nourrissent de la sève des plantes. La sève étant sous pression, dès que les pièces buccales ont pénétré les tissus de la plante, le liquide est forcé à travers le tube digestif jusqu'à sortir par l'anus.

Monogyne : Se référant à un nid ou une fourmilière avec une seule **reine** reproductive.

Monomorphique : Ayant des ouvrières de la même taille et forme. Voir également **dimorphique** et **polymorphique**.

Monophylétique : Se référant à un groupe constitué d'une espèce ancestrale et de tous ses descendants.

Morpho-espèce : Groupement temporaire créé pour distinguer des groupes de spécimens morphologiquement distincts des autres. Ce groupement est utilisé avant de faire l'identification du nom d'espèce des spécimens.

Morphologie : Forme et structure des organismes. Traditionnellement utilisé en **taxonomie** mais pouvant aussi être utilisé pour prédire le comportement (morphologie fonctionnelle).

Mutualisme : **Symbiose** dont les deux parties bénéficient (par ex. entre des fourmis et des plantes spécialisées).

Myrmécologie : Etude des fourmis (famille des **Formicidés**).

Myrmécologue ou **myrmécologiste** : Personne qui étudie les fourmis; etudiant en **myrmécologie**.

N

Nectar extra-floral : Liquide sucré des plantes produit par des glandes situées à l'extérieur des fleurs pour attirer les fourmis.

Néotropical : Se référant à la région **biogéographique** comprenant l'Amérique Central et l'Amérique du Sud, y compris la partie sud tropicale du Mexique et des Caraïbes.

Niche : Un concept théorique de l'écologie, qui décrit l'ensemble des facteurs biotiques et abiotiques contrôlant la distribution d'une espèce, et nécessaires à la viabilité d'une population.

Nœud pétiolaire ou **nœud du pétiole** : Se référant au nœud dorsal du **pétiole** ou du **post-pétiole**. Ce nœud varie souvent de forme, allant de épais et carré à mince et en forme d'écaille.

Nœud : Structure arrondie ou en forme de bouton ; terme utilisé dans ce guide pour se référer aux nœuds **dorsaux** du **pétiole** ou post-**pétiole**.

O

Occiput : (= surface occipitale) Surface postérieure de la **capsule céphalique** immédiatement située au-dessus du point d'attache du **pronotum** (cou).

Ocelle : Un des trois yeux simples localisé au centre ou près du **vertex** de la tête d'un adulte. Chez les mâles et les **reines** des fourmis, les trois ocelles sont présents et arrangés en triangle. Par contre, ils sont souvent absents chez les **ouvrières**.

Œuf trophique : Œuf non-viable pondu par une **ouvrière**, par un **soldat** ou par une **reine** pour servir de nourriture aux autres membres de la colonie, y compris aux **larves** en développement

Ommatidie : Une des unités optiques (**facettes**) des yeux composés.

Omnivore : Se nourrissant de plantes et d'animaux à la fois.

Oocyte : Œuf non développé.

Ouvrière majeure : Chez les fourmis, c'est la plus large des sous-**castes** des **ouvrières**, parfois aussi appelé soldats à cause de leur spécialisation dans la défense. Parfois, les ouvrières majeures peuvent aussi broyer les graines, comme dans le cas des *Pheidole*.

Ouvrière mineure : Membre de la plus petite des sous-**castes** d'**ouvrières**.

Ouvrière : Membre de la **caste** de fourmis sans ailes, travailleuses et typiquement infertiles au sein d'une colonie. C'est l'ouvrière qui effectue toutes les activités de routine du nid, mise à part la reproduction

Ovariole : Un des nombreux tubes (en nombre variable) composant l'ovaire de la plupart des insectes. Les ovarioles fonctionnent comme un tapis roulant dans une usine de production d'œufs. Des **oocytes** s'y développent : ils augmentent en taille et s'enveloppent de vitelline à mesure qu'ils progressent dans un ovariole.

P

Palpe maxillaire : La plus interne des deux paires de prolongements articulés sensoriels partant du maxillaire au niveau des pièces buccales. Les palpes maxillaires peuvent être constitués d'un nombre variable de segments, avec un maximum de six, ou être absent chez différents taxa. Voir **comptage des palpes**.

Palpe : Voir **palpe labial** et **palpe maxillaire**.

Palpes labiaux : La plus externe des deux paires de prolongements articulés sensoriels au niveau des pièces buccales. Ces palpes labiaux partent du **labium** et comportent jusqu'aux quatre segments. Voir **comptage des palpes**.

Pantropical : Se référant à toutes les régions tropicales du monde. Une distribution pantropicale couvre donc toutes les régions tropicales du monde.

Parataxonomiste : Un paraécologiste ou un parataxonomiste est un habitant professionnel qui, sans avoir reçu la formation académique appropriée,

possède une grande connaissance dans l'un ou plusieurs domaines de l'écologie ou de la **taxonomie** locale. Cette connaissance est largement due à une formation sur le tas. Un paraécologiste ou un parataxonomiste contribue aux recherches scientifiques et au développement local tout en augmentant la communication entre la communauté locale et le monde scientifique.

Paratype : En **taxonomie**, c'est chaque spécimen d'une série autre que l'**holotype** ; c'est une de la série de spécimens examinés en vue de la formulation de la première description d'une espèce donnée.

Pectiné : Portant un peigne ou ressemblant à un peigne (Figure M5).

Pédoncule pétiolaire ou **pédoncule du pétiole :** Voir **pédoncule**.

Pédoncule : Tige ou prolongement antérieur au **nœud** du **pétiole**.

Pétiole : Entre le **mésosome** et le **métasome** ou **gastre**. Si cette « taille » est formée de deux segments, alors le premier est le pétiole tandis que le second est le **post-pétiole**.

Phéromone : Substance chimique produite puis émise dans l'environnement pour la communication.

Phragmose : Comportement consistant à bloquer l'entrée du nid en utilisant la tête modifiée. C'est un comportement observé chez les espèces **arboricoles** nichant dans du bois mort ou vivant.

Phylogénique ou **phylogénétique :** Se référant à l'histoire de l'**évolution** et de la diversification d'une espèce, d'un groupe d'organismes, ou d'un trait particulier chez un organisme.

Piège Malaise : Large structure en forme de tente, utilisée pour la capture des insectes volants, surtout les Hyménoptères et les Diptères.

Pilosité : Ensemble de poils longs et vigoureux (encore appelé **setae)** se dressant au-dessus de poils plus courts et plus fins marquant la **pubescence**.

Pitfall ou **piège fosse** ou **piège puit :** Récipient à bord escarpé et enterré dans le sol de manière à ce que son ouverture se trouve au même niveau que la surface du sol. Ce récipient, contenant souvent une petite quantité de liquide de préservation, sert à capturer les animaux du sol qui, une fois tombés dans le récipient, ne peuvent plus s'échapper.

Plante à fourmis : Plante possédant des chambres spéciales (**domaties**) pour héberger les fourmis qui vivent à l'intérieur de la plante.

Plaque cuticulaire : Plaque durcie de l'**exosquelette**, encore appelée **sclérite**. En fait, les fourmis, comme de nombreux arthropodes, en possèdent quatre catégories principales. Sur la partie **dorsale** se trouve le tergum ; les sclérites du tergum sont appelées **tergites**. Sur la partie **ventrale** se trouve le sternum qui porte généralement des **sternites**. Les deux parties latérales sont les pleures avec des sclérites appelées **pleurites**.

Pleurite ou **pleuron** (pluriel pleura) : Le **sclérite** latéral du **thorax** d'un insecte est appelé pleuron tandis que chaque **sclérite** qu'il porte est appelé pleurite. Le propleuron (pleuron du **prothorax**) est petit et est souvent caché en vue latérale. Le **mésopleuron** (pleuron du mésothorax) est le plus large des pleurites. Le **métapleuron** (pleuron du **métathorax**) se trouve en-dessous du niveau du **propodéum** chez les **ouvrières**. Chez les castes femelles, le **métapleuron** porte la **glande métapleurale**. Les segments abdominaux n'ont pas de pleurites mais sont chacun constitués de **tergites** (par-dessus) et de **sternites** (par-dessous).

Polymorphique : Se référant au fait d'avoir des **ouvrières** avec deux ou plus de deux morphologies distinctes. Voir aussi **monomorphique** et **dimorphique**.

Polymorphisme : Chez les insectes **eusociaux**, le polymorphisme se réfère au fait d'avoir plus d'une **caste** au sein du même sexe. Chez les fourmis, cela se réfère au fait d'avoir des **ouvrières** de tailles très différentes (par ex. ouvrières mineures, ouvrières majeures ou **soldats**).

Post-pétiole : Troisième segment abdominal de forme modifiée (c.-à-d., le segment immédiatement après le **pétiole**) ; il est présent chez certains groupes de fourmis où ce segment se réduit dans sa partie postérieure pour former effectivement un second pétiole (Figure M1).

Préapical : localisé avant l'apex. Se référant souvent à une dent préapicale sur une **mandibule** ou sur une griffe tarsale.

Précoxa : **Coxa** de la patte avant (Figure M2).

Présclérite : Chez les fourmis, c'est la section antérieure clairement différenciée au niveau du **sclérite** abdominal. Elle est séparée du reste du sclérite par une crête, une constriction ou les deux à la fois.

Processus cuticulaire : Projection de **cuticule**.

Processus sub-pétiolaire : Toute protubérance issue de la partie inférieure du **pétiole** (Figure M2).

Promésonotum : **Pronotum** et **mésonotum** fusionnés, comme chez les Myrmicinae (Figure M1).

Pronotal : Se référant au **pronotum**.

Pronotum : Plaque **dorsale** du **prothorax** ; c'est le premier **tergite** (antérieur) au niveau du dorsum **mésosomal** (Figure M2). C'est une grande partie du **thorax** chez toutes les fourmis **ouvrières**. Le pronotum marque le point d'attache des larges muscles du cou.

Propodéal ou **du propodéum** : Se référant au **propodéum**.

Propodéum : Véritable premier segment abdominal, fusionné avec le véritable **thorax** pour former le **mésosome** (Figures M1, M2).

Prora : Un **processus cuticulaire** ou « lèvre » se projetant vers l'avant

à partir de la surface antérieure du **sternite** abdominal 3 (Figure M2).

Prothorax : Segment antérieur du **thorax** d'où partent les pattes avant. Il est élargi chez toutes les fourmis **ouvrières** pour abriter les muscles complexes actionnant la tête et l es **mandibules**.

Pubescence : Ensemble de poils fins et courts formant généralement une deuxième couche en-dessous de celle plus longue et plus forte de la **pilosité**. La pubescence est typiquement **apprimée**, et moins souvent **sub-dressé** ou **sub-érigé**.

Pygidium : Dernier segment supérieur (**tergite**) visible du **gastre**. Voir **hypopygium** (Figures M1, M4).

Q

Quadrangulaire : Grossièrement carré ou rectangulaire.

R

Région biogéographique : Région délimitée par la manière dont les espèces sont groupées dans l'espace. C'est une unité importante pour la conservation ainsi que pour l'étude de l'écologie et de l'évolution. Dans ce guide, nous utilisons les régions ou les classifications suivantes. Parmi les régions du Nouveau Monde : région néarctique (la majeure partie de l'Amérique du Nord), région néotropicale (Amérique du Sud et les Caraïbes). Parmi les régions de l'Ancien Monde : région paléarctique (la plus grande partie de l'Eurasie et de l'Afrique du Nord), la région afrotropicale (Afrique sub-saharienne), la région malgache (Madagascar et les îles de l'Océan Indien, y compris Seychelles, les Comores et les Mascareignes), la région indomalaise (subcontinent indien et l'Asie du Sud-est), la région australasienne (Australie, Nouvelle Guinée et les îles alentours ; la limite de cette zone étant connue comme Ligne de Wallace), et la région Océanienne/Pacifique (îles de l'Océan Pacifique, avec la Polynésie, la Mélanésie et la Micronésie).

Région malgache : Région biogéographique incluant Madagascar et les îles alentours : Mayotte, Union des Comores, Seychelles, Maurice, La Réunion et Rodrigues.

Reine : Caste de femelle reproductive, spécialisée dans la fondation de nouvelles colonies, puis pendant plusieurs années, dans la production des œufs. Voir **gyne**.

Relevé : Se référant à un poil dressé tout droit, ou presque tout droit, à la surface du corps.

Réservoir spermatique : Zone de rétention du sperme au niveau de la **spermathèque**.

Richesse spécifique : Nombre exacte d'espèces présentes dans un assemblage écologique ou dans une communauté.

S

Scape : Premier **segment antennaire**, articulé avec la tête grâce à la **fossette antennaire**. Chez les fourmis femelles,

ce segment est extremement alongé comparé aux segments suivants de l'antenne (Figure M3).

Sclérifié ou **sclérotinisé** : Se référant à la section durcie de la **cuticule** ; ce durcissement se fait par un processus appelé sclérotinisation.

Sclérite : **Plaque cuticulaire** unique de l'**exosquelette**.

Sculpture pruineuse : Apparaissant couverte d'une fine poussière ou d'une poudre plus grossière mais ne pouvant pas s'effacer. L'éclat d'une surface est souvent assombri par toute sculpture pruineuse.

Segments antennaires : Les **antennes** sont subdivisées en unités sclérotisées/sclérifiées indépendantes, connectées entre elles par des membranes flexibles. Chez les fourmis et la plupart des **Aculéates**, le nombre primitif de segments antennaires est de 12 chez les femelles et de 13 chez les mâles. Tous les segments sont aussi appelés antennomères. Le terme **funicule** se réfère, par contre à tous les antennomères au-delà du premier segment ou **scape** (Figure M3).

Serration : Projection constituée d'une série de lames acérées en forme de dents apparaissant alors comme des dents de scie. Un bord coupant à serration peut alors comporter de nombreuses dents ou pointes minuscules.

Sessile : Se référant à un **pétiole** s'attachant antérieurement directement par sa base, sans un **pédoncule**.

Seta (pluriel setae) ou **soie** : Poil (Figure M3).

Sillon antennaire : Sillon ou empreinte au niveau de la surface supérieure de la tête, pouvant accueillir/loger l'**antenne** ou une partie de l'antenne. Il peut être au-dessus ou au-dessous des yeux.

Sillon métanotal : Sillon ou impression transversale séparant le **mésonotum** du **propodéum** au niveau du dorsum **mésosomal** (Figure M2).

Sillon : Rainure profonde, souvent **marginée**, dans laquelle un appendice peut se replier.

Sillonné : marqué par des sillons parallèles.

Soldat : Troisième caste, distinct des **ouvrières** et des **reines**. Souvent, un soldat est pourvu de tête ou de **mandibules** énormes. Son **abdomen** est aussi plus grand que celui des ouvrières. Ses fonctions spécialisées incluent la défense de la colonie, la **phragmose**, le broyage des graines et le stockage de la nourriture.

Sous-genre : Groupe d'espèces distinct au sein d'un genre, vraisemblablement **monophylétique**. Il est rare qu'une seule espèce soit si distincte qu'elle soit considérée dans un sous-genre séparé. Les sous-genres sont actuellement rarement utilisés. Les groupes d'espèces étroitement associées sont plutôt appelés « groupes d'espèces ». *Camponotus* est un exemple où les noms de sous-genres sont encore en usage car ils se réfèrent à des groupes

qui ont été reconnus dans la littérature sous ces noms.

Souterrain : dans le sol, avec ou sans une couverture comme des pierres ou des branches tombées.

Spatulé : Se référant aux poils (**setae**) avec des bouts larges et arrondis, au niveau de la tête et du corps.

Spéciose ou **diversifé :** Se référant à un **clade** contenant un nombre relativement élevé d'espèces.

Spermathèque : Organe spécialisé dans la création d'un environnement chimique stable dans lequel les spermatozoïdes restent viables pendant de nombreuses années. La spermathèque est absente chez les **ouvrières** de la plupart des espèces.

Squamiforme : Ayant la forme d'une écaille.

Sternite : Sclérite ventral (inférieur) d'un segment. Dans la **taxonomie** des fourmis, le terme sternite est le plus souvent associé aux sclérites ventraux (plaques) des segments abdominaux (Figure M2).

Stigmate propodéal : Stigmate localisée sur les cotés du **propodéum**.

Stigmate : Orifice du système trachéal à travers lequel les gaz entrent et sortent du corps. Les fourmis adultes ont neuf ou dix stigmates sur chaque coté de leur corps. Le stigmate **propodéal** (premier segment abdominal) est généralement le plus large de tous (Figures M1, M2).

Stratification verticale : Subdivision en strates ou en couches d'un **habitat** ; par exemple, dans une forêt, il y a le tapis forestier (couches du sol avec les racines), les herbes, les arbustes, le sous-bois et les strates de la canopée.

Strié : marqué de lignes (**stries** ou sillons) fines **imprimées** de manière parallèle et longitudinale.

Strie : Ligne fine imprimée sur la surface du corps. Nombreuses stries apparaissent généralement ensemble, occasionnant une surface **striée**.

Striole : Strie minuscule et extremement fine ; avec de nombreuses lignes très fines **imprimées** de manière parallèle et longitudinale.

Sub-dressé ou **sub-érigé :** Se référant à un poil se dressant à un angle supérieur à 45 degrés par rapport à la surface du corps.

Suivi : Un suivi écologique consiste en des observations régulières et à long-terme (dans le temps et dans l'espace) afin d'évaluer les conditions environnementales en vigueur et afin d'estimer les tendances eventuelles des divers paramètres environnementaux.

Supercolonie : Groupe de nids de la même espèce au sein duquel les fourmis ne montrent aucun signe d'agression mutuelle.

Suture promésonotale ou **suture du promésonotum :** Suture entre le **pronotum** et le **mésonotum** (Figure M2).

Suture : Au niveau de l'**intégument** d'un insecte, c'est un sillon marquant la ligne de fusion entre deux **plaques cuticulaires** originellement distinctes (Figure M2).

Symbiose : Se référant à deux organismes vivant ensemble et obtenant des bénéfices mutuels.

Symphytes : Membres de l'ordre des Hyménoptères où les adultes ont une connexion plutôt large entre l'**abdomen** et le **thorax** au lieu d'une « taille de guêpe ».

Syntype : En **taxonomie**, chaque spécimen d'un type de série pour lequel ni un **holotype** ni un **lectotype** n'a encore été désigné.

Systématicien : Scientifique qui pratique la systématique

Systématique : Classification des organismes vivants en des groupes hiérarchiques basés sur leurs relations **phylogéniques**.

T

Taille : Terme générique pour le ou les deux segments séparant le **thorax** du **gastre**.

Tarse : Dernière section d'une patte. Une patte est constituée de la **coxa**, du **trochanter**, du **fémur**, du **tibia** et du tarse (Figure M5).

Taxon : Entité taxonomique comme le genre ou l'espèce.

Taxonomie : Branche de la science concernant l'identification, dénomination, description et classification des organismes.

Taxonomiste : Scientifique qui pratique la **taxonomie** (science de l'identification, la désignation, la description et la classification des organismes). Quand un taxonomiste décrit une nouvelle espèce, il désigne un spécimen **type**.

Tergite du gastre : Se référant à la plaque dorsale du segment du **gastre** (Figure M2).

Tergite : Dans la **taxonomie** des fourmis, le terme tergite est le plus souvent utilisé pour se référer au **sclérite dorsal** (plaque) du segment abdominal. Mais il peut aussi se référer à n'importe quel sclérite supérieur d'un segment ; par exemple, le **pronotum** est le tergite du **prothorax**.

Terrestre : Se référant aux fourmis nichant et s'alimentant au sol ou dans le sol. Comparer avec **arboricole**.

Thermophile : Préférant les températures chaudes.

Thorax : Deuxième subdivision majeure du corps d'un insecte. Le thorax portant les pattes et les ailes est postérieur à la tête et antérieure à l'**abdomen**. Chez les fourmis, le thorax est constitué de quatre segments. Voir **Apocrite**.

Tibia : En fait, quatrième segment d'une patte mais deuxième section la plus longue au niveau de cette patte (Figure M5).

Tissu spongiforme : Tissu blanc,

semblable à l'éponge, observé au niveau du **pétiole**, du **post-pétiole** et du premier segment du **gastre** chez la plupart des *Strumigenys*.

Trachée : Tube à air élastique avec des renforcements annulaires en spirale portant l'oxygène dans les tissus vivants d'un organisme. Chez les insectes, un système de trachées forme le système respiratoire, connectant l'atmosphère externe avec les tissus et les organes internes.

Trochanter : Deuxième segment de la patte. Une patte est constituée du **coxa**, du trochanter, du **fémur**, du **tibia** et du **tarse** (Figure M5).

Trophallaxie : Transfert social de nourriture (régurgitation) au sein des colonies de fourmis.

Trophique : Se référant à la nutrition.

Trophothylax : Poche spéciale pour la nourriture située derrière la tête des **larves** (chez les Pseudomyrmecinae seulement)

Tubercule : Petite proéminence ou protubérance de forme arrondie.

Type : Le nom scientifique de chaque espèce est basé sur un spécimen particulier (ou sur plusieurs spécimens dans certains cas) et c'est ce spécimen qui est appelé type. Chez les fourmis, les types les plus communs sont les suivants : **holotype**, **lectotype**, **paratype** et **syntype**.

V

Vagabond : Se référant à une espèce **envahissante** qui s'est établie largement à travers le globe.

Ventral : Se référant à la surface inférieure d'une partie du corps.

Vertex : Sommet de la tête d'un insecte, entre les yeux et après le **front**.

W

Winkler ou **dispositif de Winkler** (encore appelé **sac Winkler**, **extracteur Winkler** ou **extracteur de litière**) : Instrument pour collecter les petits **arthropodes** vivant dans le sol ou dans la litière. Il est constitué par un ou plusieurs sacs fait d'une maille en tissu. Ce sac est ensuite rempli de litière, puis suspendu à l'intérieur d'un autre sac en tissu muni d'un entonnoir pour permettre la capture des insectes s'échappant du sac. Ces insectes sont alors collectés dans un récipient généralement rempli d'alcool.

X

Xérique : Ayant très peu d'humidité ; tolérant la sècheresse ou s'adaptant à de telles conditions.

Glossary of terms

A

Abdomen: In the **Apocrita** Hymenoptera, the apparent abdomen is not the true abdomen. The true first abdominal segment is permanently fused to the **thorax**, where it is termed the **propodeum**. Since ants are petiolate, the **petiole** is actually the second abdominal segment; if the waist has two segments, the next segment, or **postpetiole**, is the true third abdominal segment. Everything beyond the petiole (or petiole + postpetiole), is often called the **gaster**. Segments of the abdomen are indicated with and "A" followed by the corresponding segment number A1-A7 (see Figures M1, M2).

Acidopore: The circular, nozzle-like exit of the formic acid-projecting system peculiar to the ant subfamily Formicinae; found at the end of the **gaster** and often surrounded by a fringe of hairs (Figure M6).

Aculeata: The group of **Apocrita** Hymenoptera, which includes ants, in which the ovipositor is modified nto a sting.

Afro-Malagasy: Referring to both the **Malagasy** and the **Afrotropical Regions**.

Afrotropic: Sub-Saharan Africa south of the Sahara Desert and the southern half of the Saudi Arabian Peninsula, but excluding Madagascar and nearby islands, which are referred to separately as the **Malagasy Region**.

Alate: In ants, a winged male or winged female (**gyne**).

Allometry: Workers in a single nest can all be the same size or can vary greatly in size. When all are of the same or similar size, they are said to be **monomorphic**. In other species, the variation in size can be so extreme that large workers are twice the size of small workers. If variation between small and large workers is continuous, the workers are said to be **polymorphic**. If there are only two distinct size classes of workers, they are called **dimorphic**. Many of the polymorphic and dimorphic species show allometry. That is, the heads and **mandibles** of the large or **major** workers are disproportionally large when compared to those of the small or **minor** workers.

Angulate: Having angles or an angular shape.

Ant collectors: People who have collected ant specimens.

Ant-plant: A plant with special chambers (**domatia**) for housing ants that live inside the plant.

Antenna (plural antennae): Consists of one long thin segment, the **scape**, which is followed **distally** by 3-11 shorter segments (together known as the **funiculus**) in **workers** and **queens**, and 8-12 in males (Figure M3).

Antennal club: Refers to the last 1, 2, 3, or 4 segments of the **antenna**, which

are conspicuously enlarged relative to the more **basal** segments, and form a club-like apex.

Antennal insertion: The **condyles** of the antennal **scape** are articulated within the antennal insertions (Figure M3).

Antennal scrobe: A groove or impression on the upper surface of the head which can accommodate the **antenna** or part of the antenna. Can be either above or below the eyes.

Antennal segments: The separate **sclerotized** units into which the **antennae** are subdivided, connected to each other by flexible membranes. In ants and most other **Aculeata**, the primitive number is 12 in females and 13 in males. All segments are called antennomeres. The **funiculus** refers to all antennomeres beyond the first segment or **scape** (Figure M3).

Antennal socket: The cavity or depression surrounding the socket into which the antennal **scape** is articulated on the front of the head.

Anthropogenic: Caused by or related to humans.

Apical: At the tip or apex of a structure; the end of an appendage furthest from the main body of the ant.

Apocrita: A suborder of Hymenoptera in which segment 1 of the **abdomen** has become fused with the **thorax** to form the **propodeum**, and in which the **larvae** lack foot-like appendages. Ants are members of the Apocrita. Compare with suborder **Symphyta**.

Apophyseal lines: Externally visible lines that mark the internal track of **cuticular processes** for muscle attachment.

Appressed: Refers to hairs that lie on the body surface, and are thus parallel, or nearly so, to that surface.

Arboreal: Refers to ants living and foraging above ground in trees and other vegetation.

Arthropod: An **invertebrate** animal having an **exoskeleton** (external skeleton), a segmented body, and jointed appendages. Arthropods form the phylum Arthropoda, which includes the insects, arachnids, myriapods, and crustaceans.

Aspirator: A suction device for picking up insects.

B

Basal: Situated at or toward the base; pertaining to the base or point of attachment nearest the main body of an organism.

Basitarsus (plural basitarsi): The **basal** segment of the **tarsus**. In ants, the basitarsi are longer than the other tarsal segments (Figure M5).

Berlese funnel: A device for collecting small litter- or soil-dwelling **arthropods**, consisting of an electric lamp mounted above a funnel containing a piece of screen, hardware cloth, or other mesh. Litter is placed over the mesh and arthropods, driven downward by the heating and drying agency of the lamp, fall into the funnel, and into a collecting

jar filled with alcohol or another preserving/killing agent.

Bicarinate: Having two keel-like projections.

Bidentate: Having two teeth.

Biodiversity: The variety of life forms, the ecological roles they perform, and the genetic **diversity** they contain; the number of species or higher **taxa** in a given region.

Biogeographic region: Biogeographical regions are based on how species are spatially grouped and are important units for conservation, ecology and evolution. In this work, we use the following classification or regions: New World Regions: Nearctic (including most of North America), Neotropic (including South America and the Caribbean). Old World: Palearctic (including the bulk of Eurasia and North Africa), Afrotropic (including sub-Saharan Africa), Malagasy (Madagascar and Southwest Indian Ocean Islands including Seychelles, Comoros, Mascarenes); Indomalaya (including the Indian subcontinent and southeast Asia), Australasia (including Australia, New Guinea, and neighboring islands. The northern boundary of this zone is known as the Wallace Line), and Oceania (Pacific Ocean islands including Polynesia, Melanesia, Micronesia).

Biogeography: The study of the geographical distributions of organisms and their **habitats**, and of the historical and biological factors that produced them.

Bioindicator: In ecology, an aspect of the environment, usually a species or group or species, of use in **monitoring biodiversity**, ecological status, or other biological attributes of a particular area.

Biomass: The mass (including or excluding water weight, as specified) of a circumscribed biological entity or collection of entities (e.g., of a single ant, of all ants at a location, or of all organisms at a locality).

Bispinose: Having two spines.

Black light: Ultraviolet light used to attract nocturnal insects, including many moths, beetles, and winged ants.

Brachypterous: Having rudimentary or abnormally short wings.

Buccal cavity: The cavity on the underside of the head at the front, between the sites where the **mandibles** join the head, which also contains the **labrum** and **palps**.

C

Carina (plural carinae): An elevated ridge or keel on the insect **integument** (Figure M3).

Carinate: Possessing at least one **carina**.

Carnivorous: Feeding on other animals.

Carton: In **myrmecology**, a cardboard-like construction material manufactured by some ants using bits of wood, wood pulp, dried plant

matter, and soil, generally used to form protective enclosures around their nests. The resulting structures are referred to as "carton nests", and are commonly made by **arboreal** *Crematogaster* ants.

Caste: Members of an ant colony that are both morphologically (and functionally) distinct (i.e., **workers**, reproductive females or "**queens**", and males). There may also be sub**castes**, such as **major** and **minor** workers, or a third caste of "**soldiers**."

Clade: A group that is **monophyletic** group, derived from a common ancestor.

Clypeus (adjective clypeal): The plate at the front of the top surface of the head, just before the **mandibles** (Figure M3).

Colonization: A process involving species range expansion. Human-mediated invasions and natural colonizations (species self-dispersing into novel environments) are subject to the same barriers of survival, reproduction, dispersal, and further range expansion, irrespective of how they colonized an area.

Condyle: The often ball-like structure that articulates an appendage to the surface of the body, such as the **basal** condyle of the antennal **scape**.

Coniform: Having the shape of a cone.

Costa (plural **costae**): A rib or ridge.

Costate: Furnished with longitudinal

raised ribs or ridges (**costae**), much coarser than **carinate**.

Costulate: With less prominent ribs or ridges than **costate**.

Coxa: The **basal** segment of the **arthropod** leg; the segment of the leg that joins with the **thorax** (Figures M1, M2, M5).

Cryptic: Referring to species that are difficult to find because of foraging or nesting location or because they are difficult to identify due to morphological similarity with another species.

Cuneate: Wedge-shaped.

Cuticle: A major part of the **integument** (covering) of **arthropods** forming most of the **exoskeleton** (external skeleton) that supports and protects the external portion of the body. The cuticle is formed by a secretion of the **epidermis** and covers the entire body of an arthropod, but also lines **ectodermal** invaginations such as the inside of the gut and **tracheae**.

Cuticular flange: A projecting flat rim, collar, or rib made of **cuticle**.

Cuticular plate: Hardened plates in the **exoskeleton** are called **sclerites**. Ants, like many **arthropods**, are considered to have four principal regions. The **dorsal** region is the tergum; if the tergum bears any sclerites, those are called **tergites**. The **ventral** region is called the sternum, which commonly bears **sternites**. The two lateral regions are called the **pleura** (singular pleurum)

and any sclerites they bear are called **pleurites**.

Cuticular process: A projection of the **cuticle**.

D

Dealate: A **queen** that formerly had wings. Newly mated queens usually bite off their wings, because they never need to fly again.

Declivity: A downward-sloping surface, such as the posterior slope of the **propodeum**.

Dentate: Possessing teeth, such as the toothed margin of the **mandibles**.

Denticle: A small tooth.

Denticulate: With many minute teeth.

Dentiform: Having the shape or structure of a tooth.

Depressed: Pressed downward, such as in a **propodeum** depressed below the margin of the **promesonotum**.

Diagnostic: Characters that distinguish one group or species from another.

Diaspidid scale: An insect in the family Diaspididae (order Hemiptera), the largest family of scale insects, which feed by sucking liquids from the parenchyma cells of plants.

Dimorphic: Within the **caste** system of an ant colony, the existence of two size classes or subcastes not connected by intermediates (see also **monomorphic, polymorphic**).

Distal: At or pertaining to the free end of a morphological structure, farthest away from the main portion of the body.

Diversity: Often used in the context of species diversity, the number of different species represented at a given site.

Domatia: Specialized structures, such as inflated stems or hollow thorns, used by plants to house ant colonies.

Dorsal: Referring to the dorsum or upper surface; opposite of **ventral**.

E

Ecoregions: Large unit of land or water containing a geographically distinct assemblage of species, natural communities, and environmental conditions.

Ectodermal: Referring to the external layer.

Edentate: Without teeth.

Elevation: Height above a given level, especially sea level.

Endemism: The quality of being native to and exclusively restricted to a particular geographical region.

Epidermis: Referring to the outer layer of "skin."

Epigaeic: Living, or at least foraging, above the surface of the ground (opposite of **hypogaeic**).

Erect: Refers to a hair that stands

straight up, or nearly so, from the body surface.

Ergatoid: Queens or males that emerge as adults without wings. Due to a lack of wing muscles, the **thorax** is reduced and similar to that of **workers**.

Eusociality (true sociality, higher sociality): The condition in which the following three traits are present: a) cooperation in caring for the young; b) reproductive division of labor, with more or less sterile individuals working on behalf of individuals engaged in reproduction; and c) overlap of at least two generations of life stages capable of contributing to colony labor. All ants are eusocial.

Evolution: The process by which different kinds of living organisms have developed and diversified from earlier forms during the history of the earth.

Exoskeleton: The rigid external covering of the **arthropod** body.

Extra floral nectar: A sweet plant liquid produced from glands outside of flowers to attract ants.

F

Facet: An **ommatidium**, one of the units of the compound eye.

Falcate: Sickle-shaped or saber-shaped.

Femur (plural femora): The first long segment of any leg, which is actually the third segment after the **coxa** and the tiny **trochanter** (Figure M5).

Fenestra: A thin section of the **cuticle** that is often translucent.

Fission: Division of an existing colony into two autonomous colonies, each with an egg-laying queen.

Formicidae: The family of Hymenoptera that comprises all ants, characterized by forward-pointing **mandibles** in **queens** and **workers**, a **metapleural gland** (secondarily absent in some groups), and a **petiole**.

Foundress: In ants, the newly mated **queen** that begins the colony.

Fovea (plural foveae): A large, deep pit on the body surface.

Foveate: Body surface covered with **foveae**.

Frons: In insects, a **sclerite** of the head immediately posterior to the **clypeus**.

Frontal carinae: A pair of ridges running from between the **antennal insertions** towards the back of the head. Variable in length and height. Laterally, they frequently develop into lobes that may partially or entirely overlap the **antennal sockets** (Figure M3).

Frontal lobes: See **frontal carinae**.

Funiculus: All portions of the **antenna** beyond the first segment or **scape**.

G

Gamorgate: Mated, egg-laying **worker**.

Gamete: Gametes are an organism's reproductive cells. Female gametes are ova or egg cells, and male gametes are sperm (spermatozoa). Gametes are haploid cells, and each cell carries only one copy of each chromosome.

Gaster (metasoma): In ants, the last major body region, after the **petiole** or **postpetiole**.

Gastral: Relating to the **gaster**.

Gastral segment: A segment of the **gaster**.

Gastral tergite: Referring to the **dorsal** (upper) plate of a **gastral segment** (Figure M2).

Genitalia: The male or female reproductive organs.

Granitic island: In the Seychelles, granitic islands are fragments of the supercontinent of Gondwana, and have been separated from other continents for 75 million years.

Granivorous: Feeding on grain.

Gyne (queen): Female reproductive **caste**.

H

Habitat: The environment of an animal, plant, or other organism.

Habitus: Overall general form or appearance.

Head capsule: The fused **sclerites** of the **arthropod** head, which form a hardened, compact case. Head capsules are often found undigested in frog stomachs and can be readily identified to genus.

Head width: With the head in frontal view, the maximum visible width across the head, exclusive of the compound eyes.

Helcium: The very reduced and specialized **presclerites** of abdominal segment 3, which forms the articulation with the **petiole** (A2). In general, the helcium is mostly or entirely concealed within the posterior foramen of the petiole, but in some groups is partially visible (Figure M2).

Holotype: In **taxonomy**, a single specimen designated as the name-bearing type of a species or subspecies.

Honeydew: A sugar-rich, sticky liquid excreted by aphids and some scale insects as they feed on plant sap. The sap is under pressure so, once the mouthparts penetrate plant tissue, the liquid is forced through the insect gut and out of the anus.

Humerus (plural humeri)**:** With the **mesosoma** in **dorsal** view, the anterolateral corner or angle of the **pronotum**; the "shoulder." These corners or angles may also be referred to as humeral angles.

Hypogaeic: Living primarily below the surface of the ground, or at least beneath cover such as leaf litter, stones, and dead bark (opposite of **epigaeic**).

Hypopygium: In **workers** and **queens**, the last visible **tergite** (A7) is named the **pygidium**, and its corresponding **sternite** is the hypopygium. They have individual names because in some groups of ants the pygidium, the hypopygium, or both may exhibit specialized **morphology** (Figures M2, M4).

Hypostoma: The anteroventral region of the head; the area of **cuticle** immediately behind the **buccal cavity** and forming its posterior margin.

Hypostomal teeth: In ants, one or more pairs of triangular or rounded teeth that project forward from the anterior margin of the **hypostoma**. Present in *Pheidole* **soldiers**.

I

Impressed: Indented, pressed in, such as an impressed **suture**.

Integument: The outer layer of an **arthropod**, including the basement membrane, **epidermis**, and **cuticle**. Functions both as a barrier against desiccation and pathogens, as well as skeleton (for mechanical protection and muscle attachment).

Introduced: A non-**native** species present in a given area thanks to accidental humans (e.g., human transport).

Invasive: An **Introduced** species that spreads to the extent it causes damage to the environment, human economy, or human health.

Invertebrate: An animal lacking a backbone, such as an insect, crab, snail, clam, octopus, starfish, sea-urchin, jellyfish, or worm.

L

Labial palps: The outer of two pairs of articulated sensory appendages of the mouth parts that arise from the **labium**; consist of up to four segments. See **palp count**.

Labrum: A movable flap that hinges on the front of the **clypeus**, usually not visible from above, often folded back to cover the **palps** and tongue.

Lamella (plural lamellae): A thin, plate-like process or ridge, often more or less translucent.

Larva: The immature form of an insect that forms the stage between egg and pupa.

Lectotype: In **taxonomy**, one of a series of **syntypes** that, subsequent to the publication of the original description, is selected and designated through publication to serve the same function as the **holotype** specimen.

Lineage: A group of organisms descended from a common ancestor. See **clade**.

M

Macro-habitats: A relatively large **habitat** that contains multiple **micro-habitats**. Herein, we use a general macro-habitat classification for Madagascar: littoral rainforest (coastal forest on sand), rainforest (lowland forest up to 1000 m), montane forest (rainforest above 1000 m),

ericoid thicket (montane heathland > 2000 m), dry forest (deciduous dry forest), and spiny thicket (southwestern and southern spiny bush).

Major worker: The largest sub**caste** of **worker** ants, sometimes also referred to as a "**soldier**" because they are often specialized for defense; in some cases, they crush seeds, as in species of *Pheidole*.

Malagasy Region: The **biogeographic** region that includes Madagascar and nearby islands: Mayotte, Union of the Comoros, Seychelles, Mauritius, La Réunion, and Rodrigues.

Malaise trap: A large, tent-like structure used for trapping flying insects, particularly Hymenoptera and Diptera.

Mandible: The "jaws"; a pair of appendages near the insect's mouth, attached to the front of the head.

Marginate: Used to describe the condition in which the edge of an area, such as the **dorsum** of the **pronotum**, is marked by a sharp angle, ridge, or flange.

Masticatory margin: The inner margin of the **mandible**, used for processing food; often with a series of teeth.

Maxillary palps: The inner of two pairs of articulated sensory appendages arising from maxilla in the **buccal cavity** maximum six segments; number of segments variably reduced or absent in different **taxa**. See **palp count**.

Mesobasitarsus (plural mesobasitarsi): The **basitarsus** of the middle leg (Figure M5).

Mesocoxa (plural mesocoxae): The **coxa** of the middle leg (Figures M2, M5).

Mesonotum: Dorsal **sclerite** in the thorax, between the **pronotum** and the **propodeum** (Figures M1 & M2). Greatly enlarged in flying Hymenoptera because of the wing muscles.

Mesopleuron: See **pleurite/pleuron**.

Mesosoma: In ants and other **Apocritan** Hymenoptera, the middle portion of the body ("**thorax**") consists of the true thorax fused with the true first abdominal segment (i.e., **propodeum**). The legs and wings (when present) arise from the mesosoma (Figures M1, M2).

Mesotibia (plural mesotibae): The **tibia** of the middle leg (Figures M1, M2).

Metabasitarsus (plural metabasitarsi): The **basitarsus** of the hind leg (Figure M5).

Metacoxa (plural metacoxae): The **coxa** of the hind leg (Figures M1, M2).

Metamorphosis: In a complete metamorphosis, the insect passes through four distinct phases, which produce an adult that does not resemble the larva. After the egg, the insect passes a through a larval stage, then enter an inactive state called pupa (called a "chrysalis" in butterflies), and finally emerge as adult.

Metanotal: Relating to the upper **sclerite** of the **metathorax**, which is often reduced to a groove (the **metanotal groove**) dividing the **mesonotum** and the **propodeum** (Figure M1).

Metanotal groove (or metanotal impression): A transverse groove or impression separating the **mesonotum** from the **propodeum** on the **mesosomal** dorsum (Figure M2).

Metanotum: The **dorsal** part of the **metathorax** (thorax segment 3).

Metapleural gland: A gland unique to the ants, located at the posteroventral angle of the **metapleuron** (the lateral area of the **mesosoma** above the **metacoxa**), which produces antibiotic substances to fight pathogens inside the nest (Figure M2).

Metapleuron: The lateral area of the **mesosoma** above the **metacoxa**.

Metasoma: See **gaster**.

Metathorax: The posterior member of the three main subdivisions of the insect **thorax**, from which the posterior pair of wings and the rear legs arise. Extremely reduced in **Apocrita** Hymenoptera.

Metatibia (plural metatibiae): The **tibia** of the hind leg (Figure M5).

Metatibial gland: Gland located on the **ventral** surface, or more rarely the posterior surface, of the **metatibia**, usually just proximal of the metatibial **spur** (Figure M5).

Micro-habitats: A small, specialized **habitat** within a larger habitat. An example of a microhabitat is a rotten branch on the forest floor.

Minor worker: A member of the smallest of the **worker** sub**castes**.

Monitoring: Ecological monitoring involves observations that are regular and long-term in both space and time, done to evaluate current environmental conditions or estimate trends in environmental parameters.

Monogynous: A single reproductive **queen** per nest.

Monomorphic: Having workers of only one shape and size (see also **dimorphic** and **polymorphic**).

Monophyletic: Describing a group consisting of an ancestral species and all of its descendants.

Morphology: The form and structure of organisms. Traditionally used in **taxonomy**, but can also be used to predict behavior (functional morphology).

Morphospecies: A temporary grouping created to distinguish morphologically distinct clusters of specimens from one another prior to identification to a named species.

Mutualism: A **symbiosis** in which both parties benefit, e.g. ants and specialized plants.

Myrmecologist: A student of **myrmecology**.

Myrmecology: The study of ants (family **Formicidae**).

N

Native: A species naturally occurring in a given region. A native species may also be endemic.

Neotropical: Relating to the **biogeographic** region comprising Central and South America, including the tropical southern part of Mexico and the Caribbean.

Niche: The multiple conditions that limit a species distribution, and within which viable populations can be maintained. Niche can be divided into "Grinnellian" and "Eltonian" components. The former is typically defined by climatic variables, features of the environment to which a species can respond but with which it does not interact. The latter is defined by more interactive features, often described as "biotic", involving feeding behaviors, predator regimes, microhabitat specialization, and habitat preferences. Grinnellian niches have been the domain of environmental niche modeling and predicting response to climate change.

Node: A rounded or knob-like structure, here used to refer to the **dorsal** nodes of the **petiole** or **postpetiole**.

Nuchal carina (nuchal carinae): A ridge situated posteriorly on the **head capsule** that separates the **dorsal** and lateral surfaces from the **occiput**.

O

Occiput (= occipital surface): The posterior surface of the **head capsule**, immediately above the attachment of the **pronotum** (neck).

Occipital carina: A ridge that traverses the posterior surface of the **head capsule**.

Ocellus (plural ocelli): Any one of the three simple eyes of the adult head, centrally located on or near the **vertex** and arranged in a triangle; in ants, present in males and **gynes** but frequently absent in **workers**.

Ommatidium (plural ommatidia): A single optical unit (**facet**) of the compound eye.

Omnivore: An animal that eats both plants and animals.

Oocyte: An incompletely developed egg.

Ovariole: One of the variable number of tubes that compose the ovaries of most insects. The ovarioles function much like conveyor belts in the production line of an egg factory. **Oocytes** grow in size and acquire yolk as they move along an ovariole.

P

Palp count: [#,#] indicates the number of segments in the **maxillary** and **labial palps**, respectively. For example, the palp count 6,4, indicates six maxillary segments and four labial segments.

Palps: See **labial palps** and **maxillary palps**.

Pantropical: Of or pertaining to all tropical regions of the world. A pantropical distribution covers all tropical regions of the world.

Parataxonomists: A paraecologist or parataxonomist is a resident professional with local knowledge who lacks formal academic training, being largely trained on-the-job, in one or more fields of ecological and **taxonomic** science. He or she contributes to scientific research and local capacity development and enhances communication between local and scientific communities.

Paratype: In **taxonomy**, each specimen of a type series other than the **holotype**; one of the series of specimens examined during the formulation of the original description of the species.

Pectinate: Comb-like or bearing a comb (Figure M5).

Peduncle: The stalk anterior to the **node** of the **petiole**.

Petiolar node: Refers to the **dorsal** node of the **petiole** or **postpetiole**. The "node" often ranges from thick and **quadrate** to thin and **scale**-like.

Petiolar peduncle: See **peduncle**.

Petiole: The "waist" between the **mesosoma** and the **metasoma** or **gaster**; if the "waist" is two-segmented, then the first of these is the petiole and the second is the **postpetiole**.

Pheromone: A chemical substance produced and released into the environment for communication.

Phragmosis: The behavior of blocking nest entrances using a modified head. Exhibited by **arboreal** species that nest in live or dead wood.

Phylogenetic: Relating to the **evolutionary** history and diversification of a species or group of organisms, or of a particular feature of an organism.

Pilosity: The longer, stouter hairs or **setae**, which stand out above the shorter and finer hairs constituting the **pubescence**.

Pitfall trap: A steep-sided container sunk into the ground so that the opening is even with the surface, often containing a small amount of liquid preservative; used to trap ground-dwelling animals, which fall in and cannot escape.

Pleurite/pleuron (plural pleura)**:** The lateral **sclerites** of the insect **thorax** are called the pleura and any **sclerites** they bear are called pleurites. The propleuron (pleuron of the **prothorax**) is small and often hidden in lateral view. The **mesopleuron** (pleuron of the mesothorax) is the largest pleurite. The **metapleuron** (pleuron of the **metathorax**) is mostly below the level of the **propodeum** in **workers** and bears in the female castes the **metapleural gland**. Abdominal segments lack pleurites and each consists only of **tergite** (above) and **sternite** (below).

Polymorphic: Having **workers** with two or more morphologically distinct forms (see also **monomorphic**, **dimorphic**).

Polymorphism: In **eusocial** insects, the condition of having more than one **caste** within the same sex; in ants, the condition of having **workers**

of distinctly different proportions (e.g., minima and maxima workers or **soldiers**).

Pooter: A type of simple **aspirator** that consists of about ½ m of flexible tubing, of which one end is held in the mouth, and the other end which holds a glass or plastic pipette inserted into the flexible tubing, with a piece of fine gauze as a filter at the inner end to prevent ingestion when inhaling.

Postpetiole: The modified form of the third abdominal segment (i.e., the segment immediately posterior to the **petiole**) present in some ant groups, in which this segment is constricted posteriorly to form what is essentially a second petiole (Figure M1).

Preapical: Located before the apex. Often used to refer to a preapical tooth on a **mandible** or tarsal claw.

Presclerite: In ants, the distinctly differentiated anterior section of an abdominal **sclerite**, separated from the remainder of the sclerite by a ridge, a constriction, or both.

Pretarsal claw: A claw that projects from the apex of the last tarsal segment. The inner curvature of each claw may be a simple, smooth, concave surface, or may have one or more **preapical** teeth present, or the claw may be **pectinate** (Figure M5).

Procoxa (plural procoxae): The **coxa** of the first leg (Figure M2).

Promesonotal shield: Present only in *Meranoplus*, in **dorsal** view, the **pronotum** and the **mesonotum** are

joined to form a flat plate or shield.

Promesonotal suture: The suture between the **pronotum** and the **mesonotum** (Figure M2).

Promesonotum: The fused **pronotum** and **mesonotum**, as in all Myrmicinae (Figure M1).

Pronotal: Relating to the **pronotum**.

Pronotum: The **dorsal** plate of the **prothorax**; the first (anterior) **tergite** on the **mesosomal** dorsum (Figure M2). This is a major part of the **thorax** in all ant **workers**, and reflects the attachment of large neck muscles.

Propodeal: Referring to the **propodeum**.

Propodeal lobes: A roundish projection at the base of the **propodeum** above the hind **coxa** that protects the attachment of the **petiole** to the **mesosoma**.

Propodeal spiracle: The **spiracle** located on the sides of the **propodeum**.

Propodeum: The true first abdominal segment, fused to the true **thorax** to form the **mesosoma** (Figures M1, M2).

Prora: A **cuticular process** or "lip" that projects forward from the anterior surface of abdominal **sternite** 3 (Figure M2).

Prothorax: The anterior segment of the **thorax** where the front legs arise. This is enlarged in all ant **workers** to

house the complex muscles that power the head and **mandibles**.

Pruinose sculpture: Appearing covered with a fine dust or coarse powder, but which cannot be rubbed off; the brightness of the surface is often obscured by the presence of pruinose sculpture.

Pubescence: The fine, short hairs that usually form a second layer beneath the longer, coarser **pilosity**. The pubescence is commonly **appressed**, and less commonly is **suberect**.

Pygidium: The last visible upper segment (**tergite**) of the **gaster** (see **hypopygium**) (Figures M1, M4).

Q

Quadrate: Roughly square or rectangular.

Queen: The female reproductive caste, specialized to found new colonies and produce numerous eggs over several to many years. See **gyne**.

S

Scale: Refers to the shape of the **petiolar node** of the **petiole**; used when the node is compressed from front to back and is thus thin and scale-like when viewed in profile. A **scale**-shaped petiolar node is present in some dolichoderine, formicine, and ponerine genera.

Scape: The first **antennal segment**, articulated to the head via the **antennal socket**. In female ants, this segment is enormously elongate compared

to the succeeding segments of the **antenna** (Figure M3).

Sclerite: A single **cuticular plate** of the **exoskeleton**.

Sclerotized: A hardened section of **cuticle**; the cuticle is hardened by the process termed sclerotization.

Scrobe: A deep groove, often **marginate**, into which an appendage may be folded.

Serration: Refers to a saw-like appearance or a row of sharp or tooth-like projections. A serrated cutting edge has many small teeth or points.

Sessile: A **petiole** that attaches anteriorly directly by its base without a stalk or **peduncle**.

Seta (plural setae): Hair (Figure M3).

Soldier: A third **caste** distinct from **workers** and **queens**. Often with grossly enlarged head and/or **mandibles**, but the **abdomen** is also larger than in workers. Specialized functions include colony defense, **phragmosis**, seed milling, and food storage.

Spatulate: Hairs (**setae**) on head and body broad and rounded at tip.

Species richness: The absolute number of species in an ecological assemblage or community.

Speciose: Of or pertaining to a **clade** containing a relatively large number of species.

Sperm reservoir: The holding area for sperm in the **spermatheca**.

Spermatheca: Specialized organ providing a chemically stable environment in which sperm remains viable for years. Absent in workers from most species

Spiracle: An orifice of the **tracheal** system by which gases enter and leave the body. Adult ants have nine or 10 spiracles on each side of the body. The **propodeal** (first abdominal) spiracle is usually the largest on the body (Figures M1, M2).

Spongiform tissue: A white, sponge-like tissue on most *Strumigenys* found on the **petiole**, **postpetiole**, and first **gastral segment**.

Spur: A spine-like appendage at the apex of the **tibia**; often paired (Figure M5).

Squamiform: In the shape of a scale.

Sternite: The **ventral** (lower) **sclerite** of a segment. In ant **taxonomy**, most commonly used to refer to the ventral sclerite (plate) of an abdominal segment (Figure M2).

Stria (plural striae): A fine, impressed line on the body surface; usually many striae occur together, resulting in a **striate** surface.

Striate: Marked with parallel, fine, longitudinal **impressed** lines, **stria**, or furrows.

Striola (plural striolae): Minutely or finely **striate**; with numerous parallel and very fine longitudinal **impressed** lines or furrows.

Suberect: Refers to a hair that stands at an angle of about 45 degrees from the body surface.

Subgenus: A distinctive, presumably **monophyletic**, group of species within a genus. Rarely, a single species may be so distinctive that it is considered a separate subgenus. Subgenera are now seldom used. Groups of closely related species are referred to as a "species group." *Camponotus* is an example where subgeneric names are still used to refer to groups long recognized in the literature by those names.

Subpetiolar process: Any protrusion from the underside of the **petiole** (Figure M2).

Subterranean: In the soil with or without cover such as rocks or fallen logs.

Sulcate: Marked with parallel grooves.

Supercolony: A group of nests of the same species whose ants do not exhibit mutual aggression.

Sustainability: The equitable, ethical, and efficient use of social and natural resources.

Suture: On the insect **integument**, a groove marking the line of fusion of two developmentally distinct **cuticular plates** (Figure M2).

Sweep net: Sturdy nets, often made

from a canvas bag, used to collect insects with a **sweeping** motion across vegetation.

Sweeping: Use of a **sweep net** and used to collect insects and other **invertebrates** from long grass.

Symbiosis: Two organisms living together and deriving mutual benefits.

Symphyta: A member of the order Hymenoptera where the adults lack a "wasp waist", and instead have a broad connection between the **abdomen** and the **thorax**.

Syntype: In **taxonomy**, each specimen of a type series from which neither a **holotype** nor a **lectotype** has been designated.

Systematics: The classification of living organisms into hierarchical groups emphasizing their **phylogenetic** relationships.

Systematist: A scientist who practices **systematics**.

T

Tarsus (plural tarsi)**:** The last section of the leg. The leg consists of **coxa**, **trochanter, femur, tibia**, and tarsus (Figure M5).

Taxon (plural taxa)**:** A taxonomic entity, such as a species or genus.

Taxonomist: A scientist who practices **taxonomy**, the science of naming, describing, and classifying organisms. When a taxonomist describes a new species, a **type** specimen is designated.

Taxonomy: The branch of science concerned with classification, identification, and description of organisms.

Tergite: In ant **taxonomy**, most commonly used to refer to the **dorsal sclerite** (plate) of an abdominal segment but can also refer to any upper sclerite of a segment; for example, the **pronotum** is the tergite of the **prothorax**.

Terrestrial: Ants that nest or forage on the ground or soil; compare with **arboreal**.

Thermophilic: Preferring warm temperatures.

Thorax: The second major subdivision of the insect body, bearing the legs and wings. The thorax is posterior to the head and anterior to the **abdomen**. In ants, the thorax consists of four segments. See **Apocrita**.

Tibia (plural tibiae)**:** The second long part of any leg, it is the fourth segment (Figure M5).

Trachea (plural tracheae)**:** A spirally reinforced, elastic air tube that brings oxygen to an organism's living tissues. A system of tracheae makes up the insect respiratory system, connecting the outside atmosphere with the internal tissues and organs.

Tramp: An **invasive** ant species that has become established widely across the globe.

Trochanter: The second segment of the leg. The leg consists of **coxa,**

trochanter, **femur**, **tibia**, and **tarsus** (Figure M5).

Trophic: Pertaining to nutrition.

Trophic egg: A non viable egg laid by a **worker**, **soldier**, or **queen** to serve as food for other members of the colony, including developing **larvae**.

Trophallaxis: Social food transfer within colonies of ants.

Trophothylax: Special food pouch located behind the head of larvae (Pseudomyrmecinae only)

Tubercle: A small, rounded prominence or protuberance.

Type: The scientific name of every species is based on one particular specimen, or in some cases specimens, called a type. In ants, the most common types encountered are **holotype**, **lectotype**, **paratype**, and **syntype**.

V

Ventral: Referring to the lower surface of a body part.

Vertex: The top of the insect head between the eyes and posterior to the **frons**.

Vertical stratification: The vertical layering of a **habitat** such as in a forest: forest floor (root and soil layers), herbaceous, shrub, understory, and canopy layers.

W

Waist: A collective term for the one or two segments separating the **thorax** from the **gaster**.

Winkler (Winkler bag, Winkler eclector, Winkler extractor, and leaf litter extractor)**:** A device for collecting small litter- or soil-dwelling **arthropods**, consisting of one or more bags constructed from cloth mesh. The mesh bags are filled with litter and suspended within an outer cloth enclosure, which includes a funnel that catches insects escaping through the mesh and directs them into a collecting receptacle usually filled with alcohol.

Worker: The laboring, wingless, and mostly infertile **caste** of ant colonies that performs all routine nest activities except reproduction.

X

Xeric: Having very little moisture; tolerating or adapted to dry conditions.

Glossaire Illustré / Illustrated Glossary

Figure M1

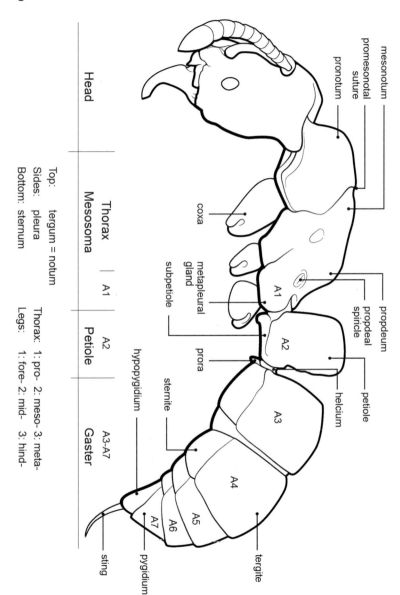

Figure M2

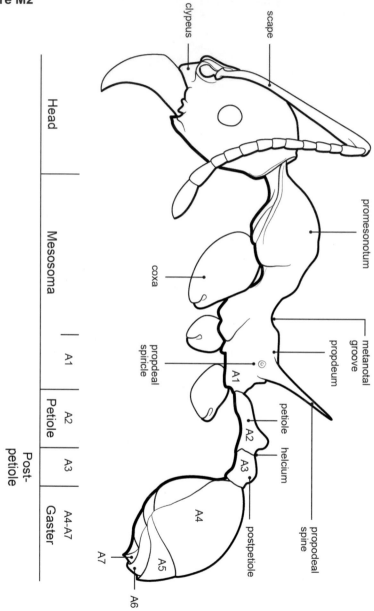

Figure M3

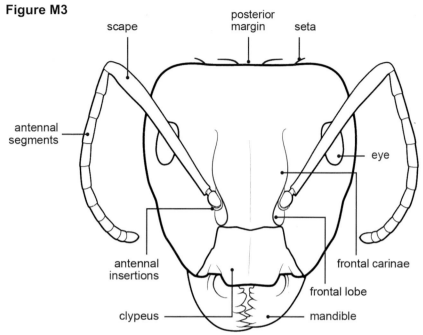

Figure M4

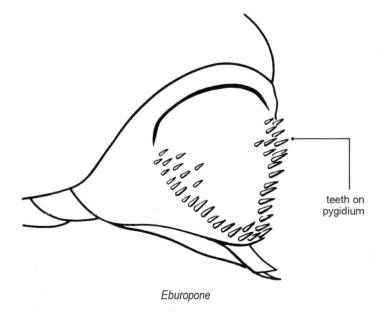

Eburopone

Figure M5

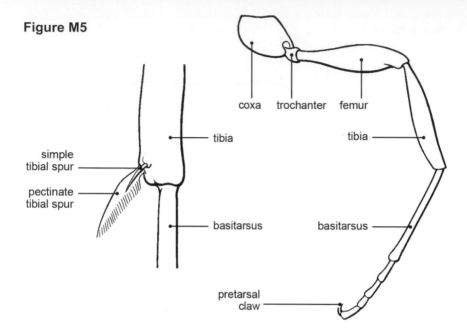

Figure M6

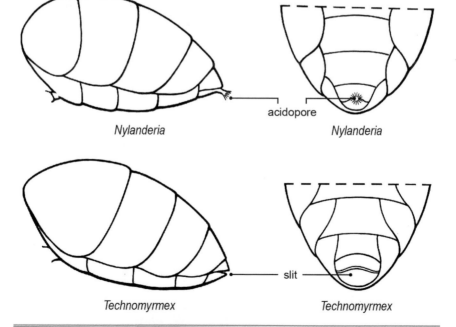

Nylanderia   *Nylanderia*

Technomyrmex   *Technomyrmex*

Sous-familles de fourmis de Madagascar

The ant subfamilies of Madagascar

Toutes les fourmis appartiennent à la famille des **Formicidae** au sein de l'ordre des Hymenoptera. Huit sous-familles de fourmis sont présentes à Madagascar. Bien que les 62 genres de fourmis trouvés sur l'île soient listés alphabétiquement dans ce guide, cela aide à pouvoir associer chaque genre à la sous-famille correspondante. Sur le terrain, pouvoir identifier les fourmis au niveau des sous-familles est la première étape dans l'étude de la **diversité**, de l'histoire naturelle et du comportement des fourmis.

Pour apprendre à identifier les sous-familles, le premier caractère que l'on doit observer en premier est la forme et le nombre de segments au niveau de la **taille**. Ces segments de la taille sont formés par la constriction des segments abdominaux (A2, A3, etc.). A Madagascar, les sous-familles se reconnaissent par les traits caractéristiques de la taille suivants :

All ants belong to the family **Formicidae** within the order Hymenoptera. Eight ant subfamilies are present on Madagascar. Though the 62 ant genera found on the island are presented alphabetically, it is useful to associate each genus with its subfamily. Identifying ants to subfamily in the field is the necessary first step to begin learning about ant **diversity**, life history, and behavior.

When beginning to learn the subfamilies, the first important character to observe is the form and number of **waist** segments. Waist segments are formed by constrictions in abdominal segments (A2, A3, etc.). On Madagascar, the subfamilies are recognizable based on the following waist.

½ pétiole 1 constriction antérieure à A2	Amblyoponinae
1 pétiole 2 constrictions antérieures à A2, A3	Dolichoderinae Dorylinae Formicinae Ponerinae Proceratiinae
1 pétiole + **1 post-pétiole** 3 constrictions antérieures à A2, A3, A4	Dorylinae Myrmicinae Pseudo-myrmecinae

½ petiole 1 constriction: anterior of A2	Amblyoponinae
1 petiole 2 constrictions: anterior of A2, A3	Dolichoderinae Dorylinae Formicinae Ponerinae Proceratiinae
1 petiole + 1 **postpetiole** 3 constrictions: anterior of A2, A3, A4	Dorylinae Myrmicinae Pseudo-myrmecinae

Amblyoponinae

Toutes les espèces d'Amblyoponinae sont des prédateurs spécialisés que l'on voit rarement car ils ne prospectent pas au-dessus du sol (**hypogéique**). Ils sont le plus souvent trouvés dans les tas de feuilles mortes et dans le sol, parfois à très grande profondeur. Cependant, certaines espèces nichent et se nourrissent dans du bois mort. Il y a peu de risque de confondre les Amblyoponinae avec les autres sous-familles puisque leur **habitus** est généralement caractéristique. En particulier, les Amblyoponinae se reconnaissent à la forme de leur taille, qui est constituée d'un seul segment, le **pétiole** (A2), lui-même attaché au segment suivant (A3) par un large point d'attache. La forme de ce pétiole unique ne présente pas de surface postérieure différenciée. De plus, le point d'attache du pétiole à A3 (**helcium**) se projette très en avant de la surface antérieure de A3. La constriction entre A2 et A3 est donc relativement peu marquée. Par ailleurs, les yeux peuvent être absents ; mais quand ils sont présents, ils sont généralement localisés sur les cotés, dans la moitié postérieure de la tête. Le bord antérieur du **clypeus** porte des **setae/soies** (sauf chez *Xymmer*) résistantes semblables à des dents. La **suture promésonotale** est présente et articulée. Un dard est toujours présent. Les Amblyoponinae ne peuvent être confondues qu'avec certaines Ponerinae, quoique chez ces dernières, le pétiole soit toujours étroit et attaché au gaster par un point d'attache étroit. De plus, l'helcium des Ponerinae se trouve à mi-hauteur, ou

Amblyoponinae

All amblyoponine species are specialized predators rarely encountered because they do not forage above ground (**hypogaeic**). They are most often found in leaf litter and the soil, sometimes very deep, but some species nest and forage in rotten wood. Amblyoponines are mostly unlikely to be confused with other subfamilies as their **habitus** is generally obvious. In particular, amblyoponines may be recognized by the form of the **waist**, which is of one segment, the **petiole** (A2), and broadly attached to the next segment (A3). This unique petiole shape lacks a differentiated posterior surface and the petiole attachment to A3 (**helcium**) projects from very high on the anterior surface of A3. Thus, there is limited constriction between A2 and A3. In addition, eyes may be absent, but when present are usually located behind the mid-length of the side of the head; the anterior **clypeal** margin usually has tooth-like stout **setae** present (only absent in *Xymmer*); the **promesonotal suture** is present and articulated; and a sting is always present. Amblyoponines are only likely to be confused with some Ponerinae, but in the latter, the petiole is always narrowly attached to the **gaster**, and the helcium arises at mid-height, or more usually very low down, on the anterior face of A3.

Genera found on Madagascar: *Adetomyrma*, *Mystrium*, *Prionopelta*, *Stigmatomma*, *Xymmer*.

plus typiquement vraiment en bas, sur la face antérieure de A3.

Genres trouvés à Madagascar : *Adetomyrma*, *Mystrium*, *Prionopelta*, *Stigmatomma*, *Xymmer*.

Dolichoderinae

Les membres de cette sous-famille nichent et prospectent au sol (**terrestre**) ou dans la végétation (**arboricole**). Chez les Dolichoderinae, la **taille** est constituée d'un petit segment, le **pétiole** (A2). Chez les genres communs (*Tapinoma*, *Technomyrmex*), le pétiole est extrêmement réduit et surplombé à l'arrière par le premier segment du **gaster**. Si vous trouvez une fourmi qui semble ne pas avoir de pétiole, il s'agit probablement d'une Dolichoderinae. Cette sous-famille est un peu similaire aux Formicinae ; mais l'extrémité du gaster des Dolichoderinae n'a jamais d'embouchure en forme de tuyau pour la projection d'acide formique (**acidopore**) (Figure M6). Par contre, chez les Dolichoderinae, les plaques supérieure et inférieure du dernier segment du gaster (**pygidium** et **hypopygium**) se rencontrent dans une fente transversale. Chez les Dolichoderinae, la surface **dorsale** de l'helcium présente une impression ou une encoche profonde, en forme de U sur son bord antérieur. Cette encoche est présente chez tous les Dolichoderinae mais pas chez les Formicinae malgaches (alors que les Formicinae en dehors de Madagascar peuvent également avoir une encoche en forme de U). Elle est clairement visible si le gaster (A3-A7) est légèrement plus **déprimé** par rapport à

Dolichoderinae

Members of this subfamily nest and forage on the ground (**terrestrial**) or in vegetation (**arboreal**). In dolichoderines, the **waist** consists of one small segment, the **petiole** (A2). In common genera (*Tapinoma*, *Technomyrmex*), the petiole is extremely reduced and overhung from behind by the first **gastral segment**. If you find an ant that appears to lack a petiole, it is probably a dolichoderine. The subfamily is superficially similar to Formicinae, but dolichoderines always lack a formic acid nozzle (**acidopore**) at the tip of the **gaster** (Figure M6); instead, the upper and lower plates of the last segment of the gaster (**pygidium** and **hypopygium**) of dolichoderines meet in a transverse slit. In dolichoderines, the **dorsal** surface of the **helcium** has a deep, U-shaped notch or impression in its anterior border. This notch is present in all dolichoderines, but not Malagasy formicines (though formicines outside Madagascar may have the U-shaped notch). The notch is clearly visible if the gaster (A3-A7) is slightly **depressed** relative to A2 (petiole). In addition, dolichoderine **mandibles** have **serrations** or **denticles** on the **basal** margin; eyes are always present; the **promesonotal suture** is present and articulated (A3); the sting is vestigial and non-functional, or in most cases, absent.

Genera found on Madagascar: *Aptinoma*, *Ravavy*, *Tapinoma*, *Technomyrmex*.

A2 (pétiole). De plus, les **mandibules** des Dolichoderinae présentent des **serrations** ou **denticules** sur leurs bords **basaux**. Le dard est vestigial et non-fonctionnel ou, dans la plupart des cas, absent.

Genres trouvés à Madagascar : *Aptinoma, Ravavy, Tapinoma, Technomyrmex.*

Dorylinae

La plupart des espèces sont **hypogéiques** (nichant et s'alimentant dans les tas de feuilles mortes, dans le sol ou dans du bois mort) et chassent d'autres insectes sociaux. Seules les espèces du genre *Simopone*, avec des yeux ostensiblement grands, sont principalement ou entièrement arboricoles et se nourrissent du couvain d'autres fourmis arboricoles. Les Dorylinae s'identifient grâce à la forme modifiée du dernier **tergite** du **gaster** (A7). Chez tous les Dorylinae, le **pygidium** est large et armé de dents ou de **denticules** (Figure M4). Chez les petits individus, les denticules peuvent cependant être difficiles à voir. Les Dorylinae ont aussi de nombreuses autres caractéristiques. Ainsi, le **clypeus** est très étroit et se trouve devant les **fossettes antennaires** qui sont généralement entièrement exposées. La **suture promésonotale** est souvent vestigiale ou absente (mais même quand elle est présente et distincte, elle est entièrement fusionnée et inflexible). L'orifice de la **glande métapleurale** est cachée en dessous et derrière un **bourrelet cuticulaire** dirigé ventralement. Une **glande métatibiale** est généralement présente. La **taille** est généralement

Dorylinae

Most species are **hypogaeic**, nesting and foraging in leaf litter, soil, or rotten wood, and often prey on other social insects. The species of one genus (*Simopone*) are mostly or entirely **arboreal**, have large, conspicuous eyes, and prey on the brood of other arboreal ants. Dorylines are identified by the modified last **tergite** of the **gaster** (A7). In all genera of the dorylines, the **pygidium** is large and armed with teeth or **denticles** (Figure M4). In small individuals, the denticles may be hard to see. Dorylines also have the following set of characters: the **clypeus** is very narrow and in front of the **antennal sockets**, which are usually fully exposed; the **promesonotal suture** is often vestigial or absent, but even when present and distinct is entirely fused and inflexible; the **metapleural gland** orifice is concealed below and behind a **ventrally** directed **cuticular flange**; a **metatibial gland** is usually present; the **waist** is usually one segmented but A3 may be reduced and suggest two segments; the **sternite** of the **helcium** is visible in profile; the **spiracles** on abdominal tergites 5-7 are exposed, not concealed under the posterior margin of the preceding tergite.

Genera found on Madagascar: *Chrysapace, Eburopone, Lioponera, Lividopone, Ooceraea, Parasyscia, Simopone, Tanipone.*

formée d'un seul segment mais A3 peut être réduit, suggérant deux segments. Le **sternite** de l'**helcium** est visible de profil. Les **stigmates** des tergites abdominaux 5-7 sont exposés, non-cachés par le bord postérieur du tergite précédent.

Genres trouvés à Madagascar : *Chrysapace, Eburopone, Lioponera, Lividopone, Ooceraea, Parasyscia, Simopone, Tanipone.*

Formicinae

Beaucoup de petites espèces de Formicinae abondent dans les tas de feuilles mortes, dans le sol et dans le bois pourri, d'autres s'alimentent au sol (espèces **terrestres**) ou sur la végétation basse. Certaines espèces sont aussi **arboricoles** et nichent dans des troncs creux, dans les cavités de bois pourris ou dans les galeries d'autres insectes. La présence d'un **acidopore** à l'extrémité du gaster permet un **diagnostic** immédiat des fourmis Formicinae puisque il n'y a aucune trace d'un dard, et les autres sous-familles n'ont aucune structure similaire à l'acidopore. Sur le terrain, les Formicinae ne pourraient éventuellement se confondre qu'avec les Dolichoderinae, tant leurs **habitus** peuvent être similaires. Néanmoins, mis à part l'absence d'acidopore, les Dolichoderinae ont des **serrations** ou des **denticules** sur le bord **basal** de la mandibule. Le **pétiole** est petit (A2) et, chez la plupart des genres communs, il est extrêmement réduit et suspendu à l'arrière du premier segment du **gaster** (A3).

Genres trouvés à Madagascar :

Formicinae

Many smaller species of Formicinae are abundant in the leaf litter and soil, and in rotten wood, but others forage on the ground (**terrestrial**) or on low vegetation. Some species are **arboreal** and nest in hollow stems, in rotten wood cavities, or in burrows formed by other insects. The presence of an **acidopore** at the apex of the **gaster** is immediately **diagnostic** of formicine ants; there is no trace of a sting, and there is no structure similar to an acidopore in any other subfamily. In the field, formicines are only likely to be confused with dolichoderines as the **habitus** of some may be similar. However, apart from the absence of an acidopore, dolichoderines have **serrations** or **denticles** on the **basal** margin of the **mandible**; the **petiole** (A2) is small, and in many common genera is extremely reduced and overhung from behind by the first **gastral segment** (A3).

Genera found on Madagascar: *Brachymyrmex, Camponotus, Lepisiota, Nylanderia, Paraparatrechina, Paratrechina, Plagiolepis, Tapinolepis.*

Brachymyrmex, Camponotus, Lepisiota, Nylanderia, Paraparatrechina, Paratrechina, Plagiolepis, Tapinolepis.

Myrmicinae

Les Myrmicinae sont morphologiquement très diverses. Elles sont nombreuses, voire très abondantes, dans tous les écosystèmes car elles nichent et s'alimentent dans tous les **micro-habitats** disponibles, allant de la profondeur du sol jusqu'aux sommets des arbres les plus hauts. Sur le terrain, les Myrmicinae peuvent se reconnaître par la présence d'une **taille** à deux segments, combinée à un large **clypeus**. De plus, les **lobes frontaux** sont partiellement cachés par les **fossettes antennaires**. Par ailleurs, la **suture promésonotale** est absente chez les Myrmicinae.
Genres trouvés à Madagascar : *Aphaenogaster, Cardiocondyla, Carebara, Cataulacus, Crematogaster, Erromyrma, Eutetramorium, Malagidris, Melissotarsus, Meranoplus, Metapone, Monomorium, Nesomyrmex, Pheidole, Pilotrochus, Royidris, Solenopsis, Strumigenys, Syllophopsis, Terataner, Tetramorium, Trichomyrmex, Vitsika.*

Ponerinae

Les Ponerinae sont des fourmis caractéristiques de la surface du sol, des litières de feuilles mortes et des bois pourris, bien qu'il en existe certaines qui sont **arboricoles**. Les fourmis Ponerinae possèdent généralement un **intégument** épais, semblable à une armure. Elles se caractérisent aussi par une taille formée d'un

Myrmicinae

Myrmicinae are morphologically very diverse, numerous to abundant in all ecosystems, and nest and forage in all available **micro-habitats**, from deep in the ground to the tops of the tallest trees. In the field, myrmicines may be recognized by the presence of a two-segmented **waist**, combined with a broad **clypeus**, **frontal lobes** that partially to entirely conceal the **antennal sockets**, and the absence of the **promesonotal suture**.
Genera found on Madagascar: *Aphaenogaster, Cardiocondyla, Carebara, Cataulacus, Crematogaster, Erromyrma, Eutetramorium, Malagidris, Melissotarsus, Meranoplus, Metapone, Monomorium, Nesomyrmex, Pheidole, Pilotrochus, Royidris, Solenopsis, Strumigenys, Syllophopsis, Terataner, Tetramorium, Trichomyrmex, Vitsika.*

Ponerinae

Ponerines are characteristically ants of the leaf litter, soil surface, and rotten wood, but a few are **arboreal**. Ponerine ants generally have a thick, armor-like **integument**. They are identified by having a **waist** of a single segment (**petiole**) that is a **node** or **scale** and is **sessile** anteriorly. The **clypeus** is well developed, so that the **antennal sockets** are well behind the anterior margin of the head. The **frontal carinae** are restricted to **frontal lobes** whose outlines are semicircular or bluntly triangular in full-face view, have a pinched-in appearance posteriorly, and partially to entirely conceal the antennal sockets. The **promesonotal suture** is complete, conspicuous, and

seul segment (le **pétiole**) qui forme un **nœud** ou une **plaque flexible** antérieurement. Le **clypeus** est bien développé de sorte que les **fossettes antennaires** se retrouvent clairement à l'arrière du bord antérieur de la tête. Les **carènes frontales** se limitent aux **lobes frontaux** dont la silhouette vue de face est semi-circulaire ou vraiment triangulaire, avec un aspect resserré dans la partie postérieure. Ces carènes frontales cachent entièrement les **fossettes antennaires.** La **suture promésonotale** est complète, entièrement articulée et bien visible. L'**helcium** part généralement d'un point relativement bas de la face antérieure de A3 ; bien que chez certains genres ce point est plus élevé (environ à mi-hauteur de A3). Le dard, généralement large et bien visible, est toujours présent. Si vous collectez une grosse fourmi noire qui vous a piqué, il s'agit très probablement d'une fourmi Ponerinae.

Genre trouvé à Madagascar : *Anochetus, Bothroponera, Euponera, Hypoponera, Leptogenys, Mesoponera, Odontomachus, Parvaponera, Platythyrea, Ponera.*

Proceratiinae

La grande majorité des espèces sont complètement **hypogéiques** ou **cryptiques** ; bien que certaines grimpent quand même dans les buissons et dans les arbres pour prospecter. Les Proceratiinae s'identifient par la présence d'un unique segment pour la **taille** (le **pétiole**), qui se joint au reste du **gaster** au niveau ou juste à mi-hauteur de la surface antérieure de A3. Pour deux

fully articulated. The **helcium** usually projects from very low down on the anterior surface of A3, but is placed somewhat higher in a few genera (up to about the mid-height of A3). A sting is always present, usually large, and conspicuous. If you picked up a big black ant that stings, it is most likely a ponerine.

Genera found on Madagascar: *Anochetus, Bothroponera, Euponera, Hypoponera, Leptogenys, Mesoponera, Odontomachus, Parvaponera, Platythyrea, Ponera.*

Proceratiinae

The vast majority of species are entirely **hypogaeic** or **cryptic**, but some will climb up into shrubs and trees to forage. The proceratiines are identified by the presence of a single **waist** segment (**petiole**), which joins the rest of the **gaster** at or just above the mid-height of the anterior surface of A3; the gaster in two of the genera (*Discothyrea, Proceratium*) is remarkably arched; a narrow **clypeus**; **antennal sockets** that are close to the anterior margin of the head; the antennal sockets are mostly to entirely exposed; the **promesonotal suture** is entirely absent from the dorsum of the **mesosoma** and the **metanotal groove** is usually also absent; a fully functional sting is present.

Genera found on Madagascar: *Discothyrea, Probolomyrmex, Proceratium.*

genres (*Discothyrea* et *Proceratium*), le gaster est remarquablement arqué ; le **clypeus** est étroit ; les **fossettes antennaires**, qui sont presque entièrement exposées, sont proches du bord antérieur de la tête ; la **suture promésonotale** est entièrement absente du dorsum du **mésosome** ; le **sillon métanotal** est aussi généralement absent ; un dard entièrement fonctionnel est présent.

Genres trouvés à Madagascar : *Discothyrea, Probolomyrmex, Proceratium.*

Pseudomyrmecinae

La plupart des espèces sont arboricoles, bien que quelques unes nichent dans du bois pourri tombé sur le sol des forêts. Sur le terrain, les Pseudomyrmecinae se reconnaissent par la présence d'une **taille** à deux segments et par leurs grands yeux. Les Pseudomyrmecinae peuvent se confondre uniquement avec les Myrmicinae, bien que les Pseudomyrmecinae aient toujours une **suture promésonotale** entièrement développée qui est complètement articulée et flexible chez les spécimens frais. Par contre, ce caractère ne s'observe jamais chez les Myrmicinae. De plus, les Pseudomyrmecinae ont un dard proéminent qui est toujours visible. Leurs **carènes frontales** sont aussi toujours effilées.

Genre trouvé à Madagascar : *Tetraponera.*

Pseudomyrmecinae

Most species are **arboreal**, but a few nest in rotten wood on the forest floor. In the field, pseudomyrmecines may be recognized by the presence of a two-segmented **waist** and large eyes. The pseudomyrmecines can only be mistaken for myrmicines, but the former always have a fully developed **promesonotal suture** that is completely articulated and flexible in fresh specimens, while this character is always absent from myrmicines. In addition, pseudomyrmecines have a prominent sting that is always obvious, and the **frontal carinae** are always slender.

Genus found on Madagascar: *Tetraponera.*

Genres de fourmis de Madagascar

Les genres sont présentés dans ce guide par ordre alphabétique. La sous-famille à laquelle le genre appartient est notée à droite du nom.

Les termes suivants sont aussi utilisés pour décrire la distribution des genres et des espèces :

Endémique : Trouvé uniquement à Madagascar ;

Région malgache : Trouvé à Madagascar ainsi que dans l'une ou dans plusieurs des îles alentours : Mayotte, Union des Comores, Seychelles, Maurice, La Réunion et Rodrigues ;

Afro-malgache : Existant naturellement à Madagascar mais également en Afrique ;

Introduite : Présumée avoir été introduite récemment par les hommes ;

Indigène : Se rencontrant naturellement dans une région donnée.

Sous le nom de genre, la distribution globale indigène est indiquée. Cette distribution se réfère à la région **biogéographique**. Les genres qui sont seulement connus à Madagascar sont marqués comme étant « Endémique, connu seulement de Madagascar ». Pour les fourmis de Madagascar, nous avons indiqué le nombre d'espèces, sous-espèces et d'espèces non encore décrites (**morpho-espèces**) qui sont trouvés seulement à Madagascar (endémique), à Madagascar et dans les îles voisines (Région malgache) ou à Madagascar et en Afrique (Afro-malgache). Le nombre total d'espèces

The ant genera of Madagascar

The genera are discussed below in alphabetical order. The subfamily to which the genus belongs is noted to the right of its name.

The following terms are used to describe the distributions of genera and species:

Endemic: known only from Madagascar;

Malagasy Region: found on Madagascar but also found on one or more of the regional islands: Mayotte, Union of the Comoros, Seychelles, Mauritius, La Réunion, and Rodrigues;

Afro-Malagasy: occur naturally on Madagascar but also in Africa;

Introduced: presumed to be recent introductions by humans.

Native: occurring naturally indigenous.

Under the genus name, the global **native** distribution of the genus is indicated. The distribution includes reference to **biogeographic** region. Genera that are known only from Madagascar are indicated as "Endemic, known only from Madagascar." For species found on Madagascar, we indicate the number of species, subspecies, and undescribed species (**morphospecies**) found only on Madagascar (Endemic), on Madagascar plus nearby Islands (Malagasy Region), or on Madagascar plus in Africa (Afro-Malagasy). The total number of species present on Madagascar for a particular genus is not given but can be calculated

présentes à Madagascar pour un genre précis n'est pas donné, mais il peut être calculé en additionnant les sous-totaux dans chaque catégorie.

La liste des espèces pour chaque genre comprend uniquement les espèces connues de Madagascar. Il existe d'autres genres et espèces présents sur les autres îles de la région malgache qui ne se trouvent pas à Madagascar. Vous pourrez apprendre plus sur les fourmis de Maurice, La Réunion, les Comores et Seychelles sur le site AntWeb.org.

by summing the distribution category subtotals.

The list of species for each genus only includes species known from Madagascar. There are additional species and genera present on the other islands in the Malagasy Region that are not found on Madagascar. You can learn more about the ant faunas of Mauritius, Reunion, Mayotte, Comoros and Seychelles at AntWeb.org.

Adetomyrma

Adetomyrma bressleri

Adetomyrma caputleae

Adetomyrma goblin

Adetomyrma venatrix

Adetomyrma
Amblyoponinae

Genre endémique, connu seulement à Madagascar
Espèces trouvées à Madagascar :
    endémiques - neuf espèces

Identification : Parmi les Amblyoponinae, seul *Adetomyrma* est caractérisé par des **mandibules** courtes, semblables à des rasoirs, et se refermant fermement contre le **clypeus**. En vue **dorsale**, il n'y a pas de constriction séparant le **pétiole** (A2) du premier segment du **gaster** (A3). Les segments abdominaux augmentent de taille vers leurs parties postérieures, de sorte que le dernier segment **apical** (A7) est clairement plus large qu'A3. Il y a aussi un très long dard, le plus long comparé à la taille du corps des fourmis connues.

Distribution, histoire naturelle et écologie : Ce genre niche dans le sol et en-dessous des rondins de bois morts, dans des habitats allant des forêts humides de montagne au fourré épineux. Les **ouvrières**, minuscules et aveugles, vivent dans le sol. Les **larves** de coléoptères Tenebrionidae sont parmi les proies connues. Chez *A. goblin*, des reines avec et sans ailes (**ergatoïde**) s'observent.

Anochetus
Ponerinae

Genre cosmopolite, surtout dans les régions tropicales et sub-tropicales
Espèces trouvées à Madagascar :
    endémiques - trois espèces
    Région malgache - une espèce

Adetomyrma
Amblyoponinae

Genus: Endemic, known only from Madagascar
Species on Madagascar:
    endemic - nine species

Identification: Among the amblyoponines, only *Adetomyrma* is characterized by short, blade-like **mandibles** that close tightly against the **clypeus**, the absence of a constriction separating the **petiole** (A2) from the first **gastral segment** (A3) in **dorsal** view, abdominal segments increase in size posteriorly, so that the last (**apical**) segment (A7) is conspicuously larger than A3, and a very large sting, the largest in relation to body size of any known ant.

Distribution, life history, and ecology: This genus nests in the soil and under rotten logs in **habitats** ranging from montane humid forest to spiny bush. **Workers** are minute and blind, and live in the soil. Tenebrionid beetle **larvae** have been recorded as prey. Both winged (*A. goblin*) and wingless (**ergatoid**) **queens** are known.

Anochetus
Ponerinae

Genus: Cosmopolitan, mostly in tropical and subtropical regions
Species on Madagascar:
    endemic - three species
    Malagasy Region - one species

Identification: *Anochetus* and *Odontomachus* are trap jaw ponerines

Anochetus

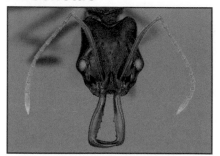

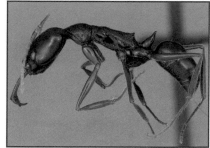

Anochetus boltoni

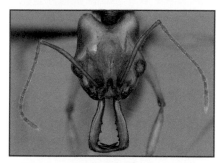

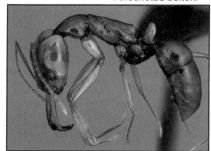

Anochetus goodmani

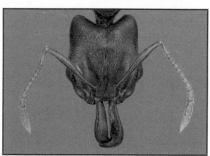

Anochetus grandidieri

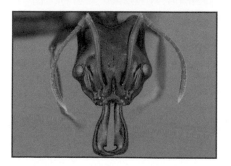

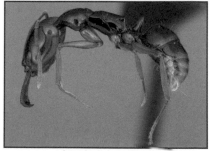

Anochetus madagascarensis

Identification : Avec leurs têtes et **mandibules** à forme distincte, *Anochetus* et *Odontomachus* sont des Ponerinae avec des machoires pièges. Leurs mandibules, toutes droites, ressemblent à de petites baguettes qui s'articulent et se referment près du centre du bord frontal de la tête. Ces mandibules sont souvent maintenues écartées à 180°, prêtes à mordre. Ces deux genres se distinguent facilement l'un de l'autre puisque *Anochetus* a un corps plus petit qu'*Odontomachus* et son **pétiole** n'est ni **coniforme** ni terminé par une épine dorsale unique. Chez *Anochetus*, le **propodéum** présente généralement des dents. Par ailleurs, *Anochetus* et *Odontomachus* se distinguent facilement en examinant l'arrière de la tête. Chez *Odontomachus*, les bords de l'arrière de la tête (la **carène nucale**), forme un V dans sa partie médiane ; une paire de lignes sombres convergentes (**lignes apophysaires**) s'observent sur la surface postérieure de la tête et rejoignent le sillon au milieu du sommet de la tête. Chez *Anochetus*, la carène nucale se courbe de manière continue (sans former de V médian) ; la surface postérieure de la tête ne présente par de lignes sombres ; le sommet de la tête n'a pas de sillon médian. *Anochetus* et *Odontomachus* sont tellement distincts qu'ils ne peuvent être confondus avec aucune autre espèce de fourmis, si ce n'est les espèces de grande taille de *Strumigenys* (par ex. *S. vazimba*). *Strumigenys*, en tant que Myrmicinae, se distingue par la présence d'un **post-pétiole**.

Distribution, histoire naturelle et écologie : *Anochetus* est très

and have a distinctive head shape and **mandible**. They have straight mandibles resembling small chopsticks that articulate close together at the center of the front margin of the head. The mandibles are often held apart at 180°, ready to snap. These two genera are easily separated because *Anochetus* is smaller in body size than *Odontomachus* and the **petiole** is never **coniform** or terminates in a single **dorsal** spine, and **propodeal** teeth are usually present in *Anochetus*. In addition, the genera are readily differentiated by examination of the rear of the head. In *Odontomachus*, the ridge on the back of the head (**nuchal carina**) is V-shaped medially and the posterior surfaces of the head have a pair of dark, converging lines (**apophyseal lines**) that join a median groove at the top of the head. In *Anochetus*, the nuchal carina is continuously curved (no V medially), the posterior surface of the head lacks a pair of visible dark lines, and the top of the head is without a groove medially. *Anochetus* and *Odontomachus* are so distinctive that they cannot be confused with any other ants except possibly a large species of *Strumigenys* (e.g. *S. vazimba*). *Strumigenys*, however, are myrmicines, and differ in having a **postpetiole**.

Distribution, life history, and ecology: *Anochetus* is widely distributed across all **habitats** on Madagascar and is even present in urban gardens and parks. *Anochetus* are **carnivorous**, taking a wide range of insect prey. Three intact colonies of *A. madagascariensis* collected in rotten logs consisted of a **dealate queen** and

largement distribué dans tous les **habitats** de Madagascar. Il est même présent dans les jardins et les parcs urbains. *Anochetus* est carnivore et se nourrit d'un large éventail d'insectes. Trois colonies intactes d'*A. madagascariensis* collectées dans des troncs pourris étaient formées d'une **reine désailée** et de 99 à 411 ouvrières (132 à 147 cocons). *Anochetus boltoni* et *A. goodmani* ont, par contre, des reines **ergatoïdes**, bien que l'on n'ait pas encore collecté de colonies complètes à ce jour.

Aphaenogaster
Myrmicinae

Genre répandu mais absent de la région afrotropicale et de l'Océanie
Espèces trouvées à Madagascar :
> endémiques - deux espèces (+ trois sous-espèces) et trois **taxa** connus non encore décrits

Identification : D'un rouge brillant ou de couleur noir rougeâtre, les **ouvrières** sont grandes et allongées, avec de longues pattes grêles. *Aphaenogaster* possède des **antennes** à 12 segments dont les quatre segments **apicaux** diminuent progressivement en taille ou forment une massue antennaire. La portion postérieure de la **capsule céphalique** s'étire en un cou fortement restreint derrière lequel la capsule céphalique s'évase pour former un col prononcé. Le premier **tergite du gaster** (Tergite de A4) chevauche largement le **sternite** sur le coté du **gaster**. Le dard n'est jamais visible. *Aphaenogaster* s'identifie le plus facilement grâce à

99-411 **workers** (132-147 cocoons). *Anochetus boltoni* and *A. goodmani* have **ergatoid** queens but a complete colony has yet to be collected.

Aphaenogaster
Myrmicinae

Genus: Widespread but absent from Afrotropic and Oceania
Species on Madagascar:
> endemic - two species (+ three subspecies) and three known undescribed **taxa**

Identification: The **workers** are large and elongate, with long, spindly legs, and glossy red or reddish black in color. *Aphaenogaster* have 12-segmented **antennae** that either end in a four-segmented club, or the last (**apical**) four segments gradually increase in size. The posterior portion of the **head capsule** is drawn out into a strongly constricted neck, behind which the head capsule flares out, forming a pronounced collar. The first **gastral tergite** (tergite of A4) broadly overlaps the **sternite** on the side of the **gaster**, and the sting is never visible. *Aphaenogaster* is most easily identified by its large size and pronounced neck and collar

While a few species of *Pheidole* also have a neck and collar, they can be differentiated by the strongly defined three-segmented club typical of that genus. In *Aphaenogaster*, the club is less apparent, four-segmented, and gradually increases in size towards the apex.

Aphaenogaster

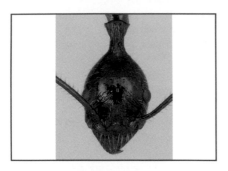

Aphaenogaster gonacantha

Aphaenogaster acuta

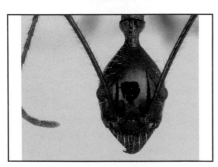

Aphaenogaster sahafina

Aphaenogaster swammerdami

sa grande taille ainsi qu'à son cou et col prononcés.

Bien que quelques espèces de *Pheidole* aient aussi un cou et un col distincts, ces espèces se différencient par une massue caractéristique à trois segments. Chez *Aphaenogaster*, la massue est moins apparente et est formée de quatre segments dont les tailles augmentent à mesure que l'on s'approche de l'apex.

Distribution, histoire naturelle et écologie : *Aphaenogaster* est répandu à Madagascar, formant une caractéristique importante des régions sèches et des **habitats** ouverts. Les ouvrières font preuve d'une coopération impressionnante lors du transport des proies de grande taille vers les nids. La présence d'*Aphaenogaster* dans l'Ouest de Madagascar empêche l'usage d'appâts comme le thon sur du carton blanc le long des transects d'échantillonnage car, au lieu d'être attiré sur ces appâts, *A. swammerdami* va faire appel aux autres ouvrières pour transporter l'appât tout entier jusqu'au nid. Quand vous retournez plus tard pour vérifier vos appâts, les cartons ont tous disparu ou se retrouvent à l'entrée des nids aux alentours. De grande taille et de couleur rouge brillant, *A. swammerdami* disperse les graines de *Commiphora guillaumini* (Burseraceae) en les transportant jusqu'au nid, les débarrassant de leurs arilles et jetant les graines non détruites dans des tas de détritus à l'orée du nid. Dans tout l'Ouest de Madagascar, *A. swammerdami* est particulièrement connu pour son association avec des serpents (autour desquels tant de légendes sont connues). En effet,

Distribution, life history, and ecology: *Aphaenogaster* is widespread on Madagascar and an important feature in drier regions and open **habitats**. Workers show impressive cooperation in carrying large prey items back to the nest. Their presence in the west of Madagascar impedes the use of bait, such as tuna on white paper cards, along an ant sampling transect. This is because instead of being attracted to the bait plastered to the paper card, *A. swammerdami* will recruit nest mates to carry the entire card back to the nest. Hence, when you return to check the baits, the cards are gone, only to be found stuffed into the entrances of nearby nests. Large and glossy red, *A. swammerdami* disperses the seeds of *Commiphora guillaumini* (Burseraceae). Ants carry the seeds into their colony, remove the arils, and discard the undamaged seeds on the refuse pile at the edge of the nest. Throughout western Madagascar, *A. swammerdami* is most famous for its association with snakes, about which many stories are told. Snakes are known to take refuge in the large ground nests of *Aphaenogaster*. According to people living near Bezà Mahafaly, *A. swammerdami* hosts a snake called *rembitiky* (meaning "mother of ants"), and the ants provide a home for the snake, feeding it during the winter and dry season. As the snake grows, the ants gradually reduce the size of the colony entrance hole and the snake is unable to leave the nest. The ants then use the fattened snake as food during the rainy season, when it is difficult for them to forage outside. Unlike species such as *A. swammerdami* that nest in

des serpents prennent souvent refuge dans les larges nids souterrains d'*Aphaenogaster*. Selon les habitants de Bezà Mahafaly, il s'agirait d'un serpent appelé *rembitiky* (ce qui signifie « mère des fourmis »), que les fourmis abriteraient et nourriraient pendant la saison froide et sèche. A mesure que la taille du serpent augmente, les fourmis réduisent l'ouverture de l'entrée de la colonie, jusqu'à ce que le serpent ne puisse plus quitter le nid. Les fourmis se nourriraient alors du serpent ainsi engraissé pendant la saison des pluies, quand il leur est difficile de trouver de la nourriture à l'extérieur. Contrairement aux espèces qui nichent dans le sol comme *A. swammerdami*, *A. gonacantha* habite des cavités et poches de bois pourri des arbres vivants. *Aphaenogaster gonacantha* renforce les murs d'entrée avec de la boue et des copeaux de bois (Figure 19). La colonie est formée de 224 ouvrières en moyenne, avec une **reine désailée** (observations sur 7 colonies).

Les espèces malgaches se rapprochent le plus des espèces tropicales des régions indomalaise et australasienne. Les espèces de l'Asie du Sud-est se réfèrent au **sous-genre** *Deromyrma* que Forel et ses collègues distinguent grâce au long « cou » formé par la constriction de la tête.

soil, *A. gonacantha* inhabits cavities and rotten wood pockets inside living trees, and builds entrance walls out of mud and wood chips (Figure 19). Colony size is 224 workers (average) with one **dealate queen** (n = 7 colonies).

The Malagasy species are most closely related to tropical species from Indomalaya and Australasia. These southeast Asian species are referred to as the **subgenus** *Deromyrma* Forel and all have the distinguishing long "neck" formed by the constriction of the head.

Aptinoma
Dolichoderinae

Genre endémique, connu seulement à Madagascar
Espèces trouvées à Madagascar :
    endémiques - deux espèces

Identification : *Aptinoma* est très similaire à *Tapinoma* ; cependant, la **caste ouvrière** d'*Aptinoma* est **dimorphique** avec, vu en profil, un **pétiole** présentant une face antérieure courte, presque verticale, ainsi qu'un dorsum plat. Cela contraste avec le pétiole typique de *Tapinoma* dont le segment plat et extrêmement réduit ne présente pas de **nœud dorsal**.

Distribution, histoire naturelle et écologie : Connues seulement des forêts tropicales du Nord-est, les différentes espèces d'*Aptinoma* nichent et s'alimentent généralement dans les arbres. Les sites de nidification sont de petites brindilles mortes ou des lianes attachées aux arbres (*A. mangabe*) ou des branches situées sous la litière de la canopée ou la mousse (*A. antongil*). *Aptinoma mangabe* a aussi été collecté en quelques occasions dans du bois pourri sur le sol.

Bothroponera
Ponerinae

Genre des régions tropicales de l'Ancien Monde
Espèces trouvées à Madagascar :
    endémiques - sept espèces
    Région malgache - une espèce

Identification : Parmi les Ponerinae, seul le genre *Bothroponera* est

Aptinoma
Dolichoderinae

Genus: Endemic, known only from Madagascar
Species on Madagascar:
    endemic - two species

Identification: *Aptinoma* is very similar to *Tapinoma*, but the **worker caste** of *Aptinoma* is **dimorphic** and the **petiole** in profile has a short, near-vertical anterior face and a flat dorsum. This contrasts with the extremely reduced flat segment, lacking a **dorsal node**, typical of the petiole in *Tapinoma*.

Distribution, life history, and ecology: Known only from tropical forest in the northeast, where the different species usually nest and forage **arboreally**. Nest sites are small, dead twigs or vines still attached to trees (*A. mangabe*) or on branches under canopy litter and moss (*A. antongil*). *Aptinoma mangabe* has also been collected a few times in rotten wood on the ground.

Bothroponera
Ponerinae

Genus: Tropical regions of the Old World
Species on Madagascar:
    endemic - seven species
    Malagasy Region - one species

Identification: Among the ponerines, only *Bothroponera* are characterized by a stocky build, coarse sculpturing, broad **petiole**, and large **frontal lobes**. *Bothroponera* combines the characters

Aptinoma

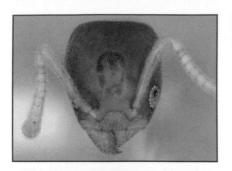

Aptinoma antongil minor

Aptinoma antongil major

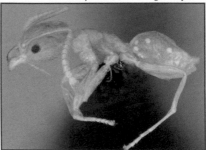

Aptinoma mangabe minor

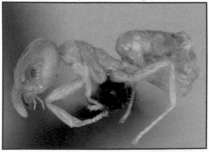

Aptinoma mangabe major

caractérisé par une carrure trapue, une sculpture grossière, un large **pétiole** et de larges **lobes frontaux**. *Bothroponera* présente à la fois les deux caractères suivants : deux **éperons** sur le **tibia** postérieur et un **helcium** à la base de la face antérieure du premier segment du **gaster** (A3). De plus, la **mandibule** ne possède ni dépression ni trou **basal**. Le **sillon métanotal** est toujours absent. Le **stigmate propodéal** a la forme d'une fente. Le pétiole (A2) se présente toujours comme un **nœud** épais, jamais fin.

Bothroponera est similaire à *Euponera*, les deux genres pouvant être très difficile à différencier sur le terrain. *Euponera* possède de larges lobes frontaux et peut aussi avoir un pétiole avec un large nœud. Par contre, la base de la mandibule d'*Euponera*, là où elle rejoint la **capsule céphalique**, présente un sillon concave, lisse et d'aspect vitreux. Cette mandibule possède aussi une cavité dorso-latérale qui peut être difficile à voir.

Distribution, histoire naturelle et écologie : *Bothroponera* se rencontre dans tous les **habitats** de Madagascar mais il est particulièrement abondant dans les forêts humides. *Bothroponera* niche dans le sol, sous les pierres et dans du bois pourri. La recherche de nourriture a surtout lieu dans les tas de feuilles mortes et à la surface du sol. Certaines espèces sont nocturnes. La plupart des espèces ont des **reines ailées**.

of two **spurs** on the hind **tibia** and the **helcium** located at the base of the anterior face of the first **gastral segment** (A3). The **mandible** does not have a **basal** pit. The **metanotal groove** is always absent, and the propodeal **spiracle** is slit-shaped. The petiole (A2) is always a broad **node**, never thin.

Bothroponera is similar to *Euponera* and the two can be very difficult to differentiate in the field. *Euponera* has large frontal lobes and may also have a petiole with a broad node. In contrast, the base of the *Euponera* mandible, where it joins the **head capsule**, has a concave, glassy smooth impression and the mandible has a dorso-lateral pit, which can be hard to see.

Distribution, life history, and ecology: *Bothroponera* is found in all **habitats** on Madagascar but is especially abundant in humid forest. *Bothroponera* nest in the ground, under stones, and in rotten wood. Foraging takes place in the leaf litter and topsoil, and some species are nocturnal. Most species have winged **queens**.

Bothroponera

Bothroponera cambouei

Bothroponera comorensis

Bothroponera vazimba

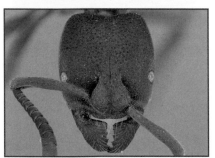

Bothroponera wasmannii

Brachymyrmex
Formicinae

Genre de la région néotropicale, introduit dans la région malgache
Espèce trouvée à Madagascar :
    introduite - une espèce

Identification : Parmi les Formicinae, seul *Brachymyrmex* possède neuf **segments antennaires**. Il est monomorphique. Il possède un **pétiole** (A2) formé d'un **nœud** petit, court, fin et surplombé à l'arrière par le premier segment du **gaster** (A3).

Distribution, histoire naturelle et écologie : Genre néotropical peu connu, seule une espèce de *Brachymyrmex* se rencontre à Madagascar, *B. cordemoyi* qui est plus communément observé dans les **habitats** de basse **altitude** du Nord-est. Il a été peu recensé dans les habitats secs du Sud-ouest. Les mâles ont un **genitalia** notablement long.

Brachymyrmex
Formicinae

Genus: Neotropic, introduced to Malagasy Region
Species on Madagascar:
    introduced - one species

Identification: Among the formicines, only *Brachymyrmex* has nine **antennal segments**, is **monomorphic**, and has a **petiole** (A2) that is a small, short, thin **node** that is overhung from behind by the first **gastral segment** (A3).

Distribution, life history, and ecology: A poorly understood **Neotropical** genus, *Brachymyrmex* is known from Madagascar by a single species, *B. cordemoyi*, which is most common in the low-**elevation habitats** in the northeast. There are a few records from the drier southwest. The males have notably long **genitalia**.

Brachymyrmex

Brachymyrmex cordemoyi

Camponotus
Formicinae

Genre cosmopolite
Espèces trouvées à Madagascar :
    endémiques - 76 espèces (avec les sous-espèces) et >100 **taxa** connus non encore décrits
    Région malgache - six espèces et quatre taxa connus non encore décrits
    Afro-malgache - trois espèces
    introduite - une espèce

Identification : *Camponotus* est **dimorphique** avec des **castes** d'**ouvrières** et de **soldats** bien différenciées. Les antennes ont 12 segments ; les fossettes antennaires sont localisées derrière la partie postérieure du bord du **clypeus** (à une distance supérieure à la largeur **basale** du **scape**). Les yeux sont présents et localisés après la mi-longueur de la tête. L'orifice de la **glande métapleurale** est généralement absent (présent uniquement chez un groupe d'espèces). Les dents mandibulaires diminuent de taille à mesure que l'on va de la zone **apicale** vers la zone basale. La troisième dent n'est pas particulièrement réduite comparée à la quatrième.

Distribution, histoire naturelle et écologie : *Camponotus* est un des genres les plus diversifiés et les plus abondants à Madagascar, bien que la plupart des espèces restent encore à décrire. La centaine d'espèces occupe presque tous les habitats de l'île, allant de bush épineux aride aux forêts humides. Les nids peuvent être construits sous des pierres ou

Camponotus
Formicinae

Genus: Cosmopolitan
Species on Madagascar:
    endemic - 76 species (including subspecies) and >100 known undescribed **taxa**
    Malagasy Region - six species and four known undescribed taxa
    Afro-Malagasy - three species
    introduced - one species

Identification: *Camponotus* are **dimorphic**, with differentiated **worker** and **soldier castes**. **Antennae** with 12 segments, the sockets located well behind the posterior **clypeal** margin (a distance greater than the **basal** width of the **scape**). Eyes are present, located behind the mid-length of the head. The **metapleural gland** orifice is usually absent (present in one species group). **Mandibular** teeth decrease in size from **apical** to basal; the third tooth is not strikingly reduced compared to the fourth tooth.

Distribution, life history, and ecology: *Camponotus* is one of the most diverse and abundant ant genera on Madagascar, though most species are still undescribed. The >100 species occupy almost all **habitats** on the island, from harsh spiny bush to humid forest. Nests may be constructed under stones or directly into the soil, in and under rotten wood, in tree stumps, in hollow stems and branches, in standing trees (living and dead), in rot holes of standing timber, or in termite mounds (active and abandoned). Several species actively tunnel in sound wood. Some species

Camponotus

Camponotus darwinii

Camponotus imitator minor

Camponotus imitator major

Camponotus MG021

directement dans le sol, à l'intérieur ou en-dessous de bois pourris, dans des souches d'arbres, dans les cavités du tronc et des branches, dans des arbres sur pied (vivants ou morts), dans les trous à l'intérieur des arbres ou dans des termitières (actives ou abandonnées). Plusieurs espèces creusent activement des tunnels dans le bois mort. Certaines espèces sont **arboricoles**, tandis que d'autres sont strictement nocturnes, quoique la majorité des espèces soient diurnes et vivent au sol. La plupart des espèces se nourrissent de plantes et des secrétions produites par d'autres insectes comme le **nectar extra-floral** ou le **miellat** des pucerons et des cochenilles se nourrissant de sève, tout en étant des prédateurs et des charognards opportunistes.

Grâce à son abondance et à sa diversité, *Camponotus* est un groupe idéal pour les **suivis** biologiques et les recherches sur la diversité. Néanmoins, le manque d'outils d'identification pour les nombreux taxa non décrits limite son usage comme **bioindicateur** dans les recherches en écologie et en conservation. Voilà pourquoi ce genre est de la plus haute importance dans les études **taxonomiques** à Madagascar. Par ailleurs, très peu est connu concernant la biologie de la reproduction de ce groupe. On sait que les **reines** sont **ailées** et que la fondation indépendante des colonies est la règle générale. Des données sur la taille des colonies manquent aussi. Les différences morphologiques entre petites et grandes ouvrières ont besoin d'être étudiées.

are **arboreal**, while others are strictly nocturnal, but the majority diurnal and ground-dwelling. Most species feed on plant- and insect-derived secretions such as **extra-floral nectar** and **honeydew** from sap-feeding aphids and scale insects, but many are also opportunist predators and scavengers.

Due to its abundance and **diversity**, *Camponotus* is an ideal group for biological **monitoring** and diversity research. However, the lack of identification tools for many undescribed species limits its use as a **bioindicator** in conservation and ecological studies. For this reason, the genus is the highest priority for **taxonomic** attention on Madagascar. Little is known about the reproductive biology of this group. **Queens** are winged and independent colony foundation seems the rule. Data on colony size are lacking. Morphological differences between large and small workers are also in need of investigation.

Cardiocondyla
Myrmicinae

Genre de l'Ancien Monde, surtout dans les régions tropicales et sub-tropicales
Espèces trouvées à Madagascar :
    endémiques - deux espèces (avec plusieurs sous-espèces)
    Afro-malgache - une espèce
    entroduite - trois espèces

Identification : Parmi les Myrmicinae, seul *Cardiocondyla* possède un rebord clypéal se projetant au-dessus des **mandibules**. Vu de profil, ce rebord s'élève loin au-dessus des mandibules. Par ailleurs, les **lobes frontaux** sont petits et étroits ; l'**antenne** à 12 segments se termine par une massue de deux segments ; le **clypeus** possède une **soie** unique, impaire, au milieu du bord antérieur. Les yeux sont présents et se trouvent sur la moitié antérieure de la **capsule céphalique**. Le **post-pétiole** (A3) est remarquablement large (en vue **dorsale**) et aplati dorso-ventralement.

Distribution, histoire naturelle et écologie : Les espèces de *Cardiocondyla* sont très largement distribuées dans tout Madagascar et peuvent même être communes dans les **habitats** ouverts modifiés par l'homme (habitats **anthropogéniques**) comme les plantations et les jardins. Même l'espèce indigène *C. shuckardi* est assez commune dans les jardins des Hautes Terres centrales. La plupart des espèces sont petites et discrètes et nichent au sol, souvent à la base des arbres, dans les tas de feuilles mortes, sous les pierres ou les branchages tombés au sol. La nourriture est

Cardiocondyla
Myrmicinae

Genus: Old World, mostly in tropical and subtropical regions
Species on Madagascar:
    endemic - two species (including several subspecies)
    Afro-Malagasy - one species
    introduced - three species

Identification: Among the myrmicines, only *Cardiocondyla* has a clypeal shelf projecting over the **mandibles**. Seen in profile, this shelf is elevated far above the mandible. In addition, the **frontal lobes** are small and narrow, the 12-segmented **antennae** terminate in a two-segmented club, and the **clypeus** has a single, unpaired **seta** at the mid-point of the anterior margin. Eyes are present, located in front of the mid-length of the **head capsule**, and the **postpetiole** (A3) is notably broad in **dorsal** view and dorso-**ventrally** flattened.

Distribution, life history, and ecology: *Cardiocondyla* species are widely distributed across Madagascar and can be quite common in human-modified (**anthropogenic**), open **habitats** such as plantations and gardens. Even the native species, *C. shuckardi*, appears to be rather common in gardens in the Central Highlands. Most species are small and inconspicuous, and nest in the ground, often at the base of trees, in leaf litter, under stones, or in fallen twigs. Foraging is usually on ground. However, one species, *C. wroughtonii*, nests in cavities or dead twigs above ground and is often collected on low

Cardiocondyla

Cardiocondyla emeryi

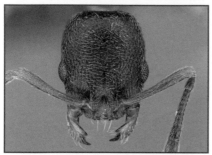

Cardiocondyla shuckardi

Cardiocondyla shuckardi male

Cardiocondyla wroughtonii

recherchée généralement au sol. Il faut noter qu'une espèce, *C. wroughtonii,* niche dans les cavités et sur les branches mortes au-dessus du sol mais est souvent collectée sur la végétation basse. Les mâles de *Cardiocondyla* peuvent être **ergatoïdes** ou un mélange de formes ergatoïdes et **ailées**. Chez certaines espèces nichant au sol comme *C. emery*, les colonies se multiplient par **fission** (c.-à-d. la colonie existante se divise en deux, chacune devenant autonome par la suite).

Carebara
Myrmicinae

Genre cosmopolite, surtout dans les régions tropicales et sub-tropicales
Espèces trouvées à Madagascar :
　　endémiques - trois espèces et **taxa** connus non encore décrits
　　Région malgache - un taxon non encore décrit

Identification : Les **ouvrières** des espèces malgaches de *Carebara* ont des **antennes** avec 9 à 11 segments dont les deux derniers forment toujours une massue marquée (chez une espèce, *C. jajoby*, les soldats possèdent un **segment antennaire** de plus que les ouvrières). Chez la majorité des espèces, il existe à la fois des ouvrières et des **soldats** ; chez certaines, les soldats sont **dimorphiques**. La bordure antérieure du **clypeus** présente une paire de **setae** médianes, de part et d'autre du milieu du clypeus mais jamais au milieu. Le **propodéum** est souvent anguleux ou armé de dents. En général, il n'y a pas de **carène frontale**

vegetation. Male *Cardiocondyla* may be **ergatoid** or a mix of winged and ergatoid forms. In some of the ground nesting species, such as *C. emery*, colonies multiply by **fission** (i.e. an existing colony divides into two parts that become autonomous).

Carebara
Myrmicinae

Genus: Cosmopolitan, mostly in tropical and subtropical regions
Species on Madagascar:
　　endemic - three species and 22 known undescribed **taxa**
　　Malagasy Region - one known undescribed taxon

Identification: Workers of Malagasy *Carebara* have 9-11 segmented **antennae** that always terminate in a marked club with two segments (in one species, *C. jajoby*, **soldiers** have one more **antennal segment** than workers do). The majority of species have workers and soldiers, and in some, soldiers are **dimorphic**. The anterior **clypeal** margin has a pair of median **setae**, one on each side of the mid-point but none at the mid-point itself. The **propodeum** is usually **angulate** or armed with teeth. The head generally lacks **frontal carinae** behind the **frontal lobes**, and lacks **antennal scrobes**.

Distribution, life history, and ecology: *Carebara* occurs across Madagascar. Workers are minute, blind, and **cryptic**, and nest and forage in the soil, in leaf litter, or in rotten wood, though some have been found in trees, on branches, under mosses, or in dead

Carebara

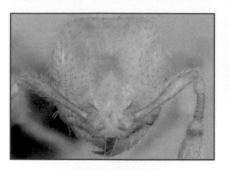 

Carebara jajoby minor

Carebara jajoby major

Carebara omasi minor

Carebara omasi major

derrière les **lobes frontaux** de la tête. La tête ne possède pas de **sillon antennaire** non plus.

Distribution, histoire naturelle et écologie : *Carebara* se rencontre partout à Madagascar. Les ouvrières sont minuscules, aveugles et cryptiques. En général, *Carebara* niche et prospecte au sol, dans les tas de feuilles mortes or dans du bois pourri ; bien que certains aient aussi été trouvés dans les arbres, sur des branches, sous la mousse ou dans les brindilles mortes. Quelques espèces nichent dans des termitières. Les **reines** de *Carebara* sont **ailées** et sont beaucoup plus grandes que les ouvrières (chez certaines espèces, la différence de taille est spectaculaire). Les soldats ont une taille intermédiaire entre celles des reines et des ouvrières. Ils ont une tête allongée, remplie de muscles pour actionner les **mandibules**. Ces muscles puissants leur permettent de creuser même dans les bois pourris enfouis dans le sol. Cette large tête leur sert aussi à boucher l'ouverture des galeries dans le sol, la **largeur de la tête** correspondant exactement à la taille des galeries creusées par les ouvrières. Par ailleurs, les soldats ont souvent un **abdomen** largement enflé à cause du stock de nourriture qui s'y trouve et qu'ils partagent avec les reines et les ouvrières après régurgitation (**trophallaxie**). Les colonies sont probablement composées de plusieurs milliers de fourmis, bien que l'on ne connaisse pas le nombre exact d'ouvrières. Les soldats sont clairement moins nombreux que les ouvrières (Figure 14).

twigs. A few species nest in termite mounds. **Queens** of *Carebara* are winged and much larger than workers and in some species remarkably so. Soldiers are intermediate in body size between queens and workers. They have larger, elongated heads filled with muscles to power the **mandibles**. Such enhanced mandibles give soldiers the power to dig through buried rotting wood. The large heads also function as plugs in soil galleries, and **head width** matches the size of galleries dug by workers. In addition, soldiers often have grossly swollen **abdomens**, because they store large amounts of food that is shared with queens and workers via regurgitation (**trophallaxis**). Colonies are probably composed of many thousands of ants, although exact counts of workers are lacking. Soldiers are distinctly less common than workers (Figure 14). Food preferences are poorly known, but *Carebara* are likely to scavenge soil-dwelling **invertebrates**.

La préférence alimentaire est peu connue bien que l'on suspecte que *Carebara* récupère probablement les cadavres d'**invertébrés** vivant au sol.

Cataulacus
Myrmicinae

Genre des régions tropicales de l'Ancien Monde
Espèces trouvées à Madagascar :
    endémiques - cinq espèces et un **taxon** connu non encore décrit
    Région malgache - deux espèces
    Afro-malgache - une espèce

Identification : *Cataulacus* est remarquable à cause des **sillons antennaires** qui s'étendent au-dessous des grands yeux, de ses courtes pattes et de sa **cuticule** coriace. Vous pouvez rouler ces fourmis entre vos doigts sans leur causer trop de dommages. Les **antennes** de *Cataulacus* possèdent 11 segments et se terminent dans leur partie apicale avec une massue à trois segments. Les **insertions antennaires** sont largement séparées, de sorte que, vues de face, les bordures des **lobes frontales** constituent clairement les bords latéraux de la tête, à l'avant des yeux. Le **dorsum** du **gaster** est entièrement formé par l'expansion du premier **tergite** (tergite de A4) ; les autres tergites restants sont visibles, en vue de profil, en-dessous du bord postérieur du premier tergite. Une **pilosité** atypique est fréquemment présente. Toutes les espèces connues sont entièrement ou presque entièrement de couleur noire.

Avec ses sillons antennaires au-dessous des yeux, *Cataulacus* ne

Cataulacus
Myrmicinae

Genus: Tropical regions of the Old World
Species on Madagascar:
    endemic - five species and one known undescribed **taxon**
    Malagasy Region - two species
    Afro-Malagasy - one species

Identification: *Cataulacus* is very conspicuous with **antennal scrobes** that extend below the large eyes, short legs, and a tough **cuticle**. You can roll these ants between your fingers without causing much damage to the animal. *Cataulacus* has **antennae** with 11 segments that terminate in an **apical** club of three segments. The **antennal insertions** are widely separated so that in full-face view the outer margins of the **frontal lobes** form the visible lateral margins of the head in front of the eyes. The **gaster dorsum** consists entirely of the expanded first **tergite** (tergite of A4); the remaining tergites are visible in profile, below the posterior margin of the first. Unusual **pilosity** is frequently present and all known species are mostly or entirely black. With its scrobes running below the eyes, *Cataulacus* is not easily confused with any other genus except *Terataner*. *Terataner* is similar in that it often has small teeth at the posterior corners of the head, an acute **petiolar node**, is black in color, and **arboreal**. In contrast, *Terataner* is readily distinguished by the lack of a scrobe below the eye.

Cataulacus

Cataulacus ebrardi

Cataulacus intrudens

Cataulacus oberthueri

Cataulacus regularis

peut se confondre avec aucun autre genre, sauf avec *Terataner*. Ce dernier est similaire à *Cataulacus* à cause des petites dents à l'angle postérieur de la tête, du **nœud pétiolaire** aigu, de la couleur noire et du mode de vie **arboricole**. Par contre, *Terataner* se distingue rapidement par l'absence de sillons en-dessous des yeux.

Distribution, histoire naturelle et écologie : *Cataulacus* est exclusivement arboricole et se rencontre partout à Madagascar dans la végétation à feuilles persistantes. Les nids se trouvent généralement dans les brindilles et tiges creuses ou pourries, mais également dans les cavités des branches plus larges ou des troncs. De nombreuses espèces utilisent la surface dorsale de leur tête élargie pour bloquer l'entrée du nid. En particulier, les cornes saillantes à l'angle postérieur de la tête de certaines espèces (cornes très élargies chez *C. oberthueri*) peuvent aider les ouvrières dans cette tâche. La recherche de nourriture a lieu dans les arbres et dans les buissons à proximité du nid ; bien que certaines espèces traversent aussi au sol pour atteindre les plantes adjacentes. Les mâles de *Cataulacus* ressemblent aux ouvrières, sauf qu'ils sont ailés. De même, les **reines ailées** de *C. wasmanni* ont la même taille que les ouvrières (Figure 8).

Distribution, life history, and ecology: *Cataulacus* is exclusively arboreal and found throughout Madagascar in evergreen vegetation. Nests are usually in rotten or hollow twigs or stems, but sometimes in large rotten branches or in tree trunk cavities. Many species use the **dorsal** surface of their enlarged head to block the entrance to their nest. The protruding horns at the posterior corners of the head in some species (horns greatly enlarged in *C. oberthueri*) may help secure the worker while blocking access to the entrance. Foraging usually takes place on trees or shrubs close to nests, but some species will cross the ground and climb into adjacent plants. Male *Cataulacus* are winged but otherwise look like **workers**. Similarly, the winged **queens** of *C. wasmanni* are similar in body size to workers (Figure 8).

Chrysapace

Chrysapace MG01

Chrysapace
Dorylinae

Genre des régions indomalaise et malgache
Espèce trouvée à Madagascar :
  endémique - une espèce connue non encore décrite

Identification : *Chrysapace* se caractérise clairement par sa large taille et par sa forme unique et sculptée. Le **dorsum** et les côtés de la tête, le **mésosome,** le **pétiole** (A2) et le premier **tergite** du **gaster** (tergite de A3) sont tous remarquablement **côtelés**, voire **sillonnés**. De plus, les **tibias** médian et arrière présentent tous deux deux **éperons** tandis que les **griffes prétarsales** présentent chacune une unique dent **préapicale**.

Distribution, histoire naturelle et écologie : Une unique espèce, non décrite, de *Chrysapace* se rencontre dans les forêts humides du Nord-est de Madagascar. Le genre est absent d'Afrique. Il est, par contre, représenté par quelques espèces dans les régions indomalaise et australasienne, ce qui suggère un lien historique entre les

Chrysapace
Dorylinae

Genus: Indomalaya and Malagasy Regions
Species on Madagascar:
  endemic - one known undescribed species

Identification: *Chrysapace* is immediately characterized by its large size and unique sculptured form. The **dorsum** and sides of the head, **mesosoma**, **petiole** (A2), and first **gastral tergite** (tergite of A3) are all strikingly **costate** to **sulcate**. In addition, both the middle **tibiae** and hind tibiae have two **spurs**, and the **pretarsal claws** each have a single **preapical** tooth.

Distribution, life history, and ecology: A single, undescribed species of *Chrysapace* is known from the humid forests of northern Madagascar. The genus is absent from Africa but represented in the Indomalaya and Australasia Regions by a few species, suggesting a historical link to the southeast Asian ant fauna.

faunes de fourmis de Madagascar et celles du Sud-est asiatique.

Crematogaster
Myrmicinae

Genre cosmopolite
Espèces trouvées à Madagascar :
    endémiques - 29 espèces
    Région malgache - quatre espèces
    Afro-malgache - trois espèces

Identification : *Crematogaster* peut se reconnaître immédiatement par l'articulation unique du **post-pétiole** (A3), rattaché postérieurement à la surface **dorsale** du premier segment du **gaster** (A4). De plus, la tête est généralement plus large que longue. L'**antenne** possède souvent 11 segments (plus rarement 10). Le **clypeus** s'insère largement entre de courts **lobes frontaux**. Le **pétiole** (A2) est aplati dorsalement et ne présente aucune sorte de **nœud**. Les fourmis en quête de nourriture replient souvent leur gaster au-dessus du **mésosome** de sorte que la surface **dorsale** du pétiole repose contre la **déclivité** du **propodéum**. L'**helcium** est élargi : en vue de profil, sa hauteur est presque égale ou supérieure à la hauteur du post-pétiole. Le gaster ressemble un peu à un cœur en vue dorsale. Avec la jonction exceptionnelle du post-pétiole, *Crematogaster* se confond difficilement avec les autres genres.

Distribution, histoire naturelle et écologie : *Crematogaster* est parmi les fourmis les plus abondantes à Madagascar. Un certain nombre d'espèces nichent au sol, sous les

Crematogaster
Myrmicinae

Genus: Cosmopolitan
Species on Madagascar:
    endemic - 29 species
    Malagasy Region - four species
    Afro-Malagasy - three species

Identification: *Crematogaster* may be recognized instantly by the unique articulation of the **postpetiole** (A3), which posteriorly is attached to the **dorsal** surface of the first **gastral segment** (A4). In addition, the head is usually broader than long, the **antennae** often have 11 segments, more rarely 10, and the **clypeus** is broadly inserted between short **frontal lobes**. The **petiole** (A2) is flattened dorsally and lacks any sort of a **node**. Foragers often flex their **gaster** above the **mesosoma** such that the **dorsal** surface of the petiole lies against the **propodeal declivity**. The **helcium** is enlarged; in profile, its height is subequal to, or greater than, the height of the postpetiole. The gaster in dorsal view is roughly heart-shaped. With its unique junction of the postpetiole, *Crematogaster* is not easily confused with other genera.

Distribution, life history, and ecology: *Crematogaster* are among the most abundant ants across Madagascar. A number of species nest in the ground under stones; others nest in rotten wood lying on the ground, or dead twigs in leaf litter. Among the ground nesting species, some forage entirely on the soil or in leaf litter, but others climb plants, including large trees. Most species are **arboreal**;

Crematogaster

Crematogaster degeeri

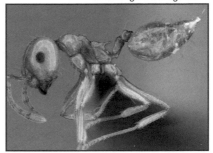

Crematogaster kelleri

pierres. D'autres nichent dans les bois pourris tombés au sol ou dans les brindilles mortes dans la litière de feuilles. Parmi les espèces nichant au sol, certaines recherchent leur nourriture seulement au sol ou dans la litière de feuilles tandis que d'autres grimpent sur les plantes, y compris sur les grands arbres. La majorité des espèces sont cependant **arboricoles**, certains construisant de larges nids très visibles, constitués de **carton** (en fibres végétales mâchées) et situés très haut sur les troncs des grands arbres ou suspendus aux branches. Prédateurs généralistes et charognards, *Crematogaster* collecte également souvent le **miellat**, ainsi que le nectar des fleurs.

some construct large, conspicuous nests, composed of **carton** (chewed up plant fibers), high on the trunks of large trees or hanging from branches. Generalist predators and scavengers, they often collect **honeydew** and nectar from flowers.

All known **queens** are winged and much larger than **workers**. *Crematogaster volamena* also has wingless individuals larger in size than ordinary workers, with a distinctly enlarged head and more powerful **mandibles**, which may be involved in defense. However, in the *Orthocrema*-group, individuals of intermediate body size have queen-like ovaries and lay **trophic eggs** that are eaten by the **larvae**.

Crematogaster masokely

Crematogaster tricolor

Toutes les **reines** observées à ce jour sont **ailées** et sont plus grandes que les **ouvrières**. Chez *Crematogaster volamena*, il existe aussi des individus de plus grande taille que les ouvrières mais sans ailes, présentant une tête distinctement élargie et des mandibules plus puissantes, indiquant par là que ces individus pourraient participer à la défense de la colonie. Dans le groupe des *Orthocrema*, il existe des individus de taille intermédiaire (entre reines et ouvrières) avec des ovaires semblables à ceux des reines. Ces individus pondent des **œufs trophiques** qui sont consommés par les **larves**.

Discothyrea

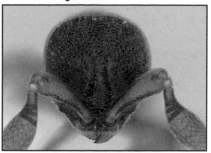

Discothyrea MG01

Discothyrea MG02

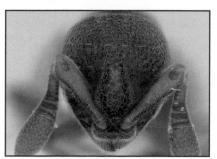

Discothyrea MG03

Discothyrea MG04

Discothyrea
Proceratiinae

Genre cosmopolite
Espèces trouvées à Madagascar :
    endémiques - six **taxa** connus
    non encore décrits

Identification : Les *Discothyrea* sont des fourmis minuscules et compactes, avec un second **tergite du gaster** (A4) élargi et fortement arqué. La pointe du gaster est dirigée vers l'avant. Les **mandibules** sont **édentées**, derrière les dents **apicales**. Une saillie portant les **fossettes antennaires** surplombe ces mandibules. Les yeux sont présents mais extrêmement réduits, sauf chez les **reines** qui ont des yeux notablement plus grands. Les **antennes** ont 6 à 12 segments, le segment **apical** étant toujours fortement élargi et bulbeux. Des fovéas (ou fossettes) recouvrent densément la surface du corps. Les antennes élargies et bulbeuses des *Discothyrea* les distinguent des *Proceratium.*

Distribution, histoire naturelle et écologie : *Discothyrea* se rencontre dans les forêts humides ou sèches, bien qu'il soit absent dans les zones plus sèches du Sud-ouest. La plupart des espèces sont collectées en tamisant les sols et les litières de feuilles, y compris les sols compactés des murs des termitières. Certaines espèces habitent de petits morceaux de bois pourri tombés sur le sol ou en-dessous de la surface du sol. Sur le terrain, il est rare d'observer des *Discothyrea* vivants. La présence d'œufs d'**arthropodes** dans leurs

Discothyrea
Proceratiinae

Genus: Cosmopolitan
Species on Madagascar:
    endemic - six known undescribed
    taxa

Identification: *Discothyrea* are minute, compact ants that have an enlarged and strongly arched second **gastral tergite** (A4), and the **gaster** tip points forward. **Mandibles** are **edentate** behind the **apical** tooth and overhung by a projecting shelf that bears the **antennal sockets**. Eyes are present but highly reduced, although in **queens** the eyes are notably large. The **antennae** have 6-12 segments, and the **apical** segment is always greatly enlarged and bulbous. Body sculpture densely **foveate** (covered in pits). The enlarged, bulbous antennae distinguish *Discothyrea* from *Proceratium*.

Distribution, life history, and ecology: *Discothyrea* is found in humid and dry forests but is absent from the drier southwest. Most species are collected from sifted leaf litter and soil, including the compacted soil walls of termite nests. Some species inhabit small pieces of rotten wood on the ground and below the surface. *Discothyrea* is rarely observed alive in the field but the presence of **arthropod** eggs in nests suggests they specialize on this food type.

nids suggère cependant que les *Discothyrea* se spécialisent dans ce type d'aliment.

Eburopone
Dorylinae

Genre des régions afrotropicale et malgache
Espèces trouvées à Madagascar :
 endémiques - 24 **taxa** connus non encore décrits
 Région malgache - Un taxon connu non encore décrit

Identification : Parmi les Dorylinae, seul *Eburopone* présente une unique tâche de couleur pâle ou blanchâtre sur le bord postérieur du second **sternite** du **gaster** (A4). De plus, *Eburopone* n'a pas d'yeux. Il possède par contre des **antennes** à 12 segments. La **suture promésonotale** se présente comme un sillon marqué. Latéralement, le **pronotum** n'est pas complètement fusionné avec le reste du **mésosome** et une entaille profonde (souvent recourbée sous le bord dorso-latéral du mésosome) est présente dans la **cuticule**. Le **stigmate propodéal** est situé assez bas sur le coté, dans la moitié postérieure du **sclérite**. Le **propodéum** présente des **lobes**. Sur le **tibia** de la patte médiane se trouve un **éperon** unique.
 Les genres similaires se distinguent comme suit : *Ooceraea* (*O. biroi*) possède des **antennes** à neuf segments ; *Parasyscia* et *Lividopone* ont un pronotum et le reste du mésosome complètement fusionnés latéralement, sans une suture les séparant , tandis que *Lioponera* a un **pétiole marginé**.

Eburopone
Dorylinae

Genus: Afrotropic and Malagasy Regions
Species on Madagascar:
 endemic - 24 known undescribed **taxa**
 Malagasy Region - one known undescribed taxon

Identification: Among the dorylines, only *Eburopone* has a unique whitish or pale patch present on the posterior margin of the second **gastral sternite** (A4). In addition, they have 12 **antennal segments**, lack eyes, and the **promesonotal suture** is present as an **impressed** groove. Laterally, the **pronotum** is not completely fused with the rest of the **mesosoma** and a deep cut in the **cuticle** is present, often curved below the dorso-lateral margins of mesosoma. The **propodeal spiracle** is low on the side and situated behind the mid-length of the **sclerite**, and **propodeal lobes** are present. The **tibia** of the mid-leg has a single **spur**. Similar genera differ as follows: *Ooceraea* (*O. biroi*) have nine-segmented **antennae**; *Parasyscia* and *Lividopone* have the pronotum and the rest of the mesosoma completely fused laterally, without a dividing **suture**; and *Lioponera* have a **marginate petiole**.

Distribution, life history, and ecology: *Eburopone* occurs across the island in all **habitats**. Nests are found in the soil, leaf litter, and rotten wood. Colonies can consist of a few hundred minute workers. All species are thought to feed on brood of other ants, and workers readily follow

Eburopone

Eburopone MG06

Eburopone MG08

Eburopone MG10

Eburopone MG13

Distribution, histoire naturelle et écologie : *Eburopone* se rencontre à travers toute l'île, dans tous les **habitats**. Les nids se trouvent dans le sol, la litière ou dans du bois pourri. Les colonies peuvent consister en quelques centaines d'ouvrières minuscules. On pense que toutes les espèces se nourrissent du couvain d'autres fourmis et les ouvrières suivent facilement les pistes de **phéromones**. De nombreuses espèces ont des mâles avec de larges mandibules en forme de cuillères qui pourraient servir à retenir la femelle lors de la copulation, une stratégie d'accouplement intéressante qui a encore besoin d'être étudiée de plus près.

Erromyrma
Myrmicinae

Genre de la région indomalaise et du sud-est de la région paléarctique, introduit dans la région malgache
Espèce trouvée à Madagascar :
   introduite - une espèce

Identification : Parmi les Myrmicinae, *Erromyrma* se caractérise par la présence des crêtes transversales sur le **dorsum** du **propodéum** et sur les côtés. *Erromyrma* possède également des **antennes** à 12 segments se terminant par une massue formée par les trois derniers segments.
   Erromyrma ressemble à *Monomorium*, *Syllophopsis* et *Trichomyrmex* mais Il peut s'en distinguer par la combinaison des caractères uniques suivants : la **caste** des **ouvrières** chez *Erromyrma* est **polymorphique** (en taille), les **mandibules** ne sont pas sculptés

pheromone trails. Many species have males with large, spoon-shaped **mandibles**, which could be used to grasp the female during copulation, suggesting an interesting mating strategy that has yet to be studied.

Erromyrma
Myrmicinae

Genus: Indomalaya and southeastern Palearctic, introduced to Malagasy Region
Species on Madagascar:
   introduced - one species

Identification: Among the myrmicines, *Erromyrma* is identified by dense transverse ridges on the **propodeal dorsum** and sides. *Erromyrma* has 12-segmened **antennae** that terminate in a club of three segments. *Erromyrma* resembles *Monomorium*, *Syllophopsis*, and *Trichomyrmex* but can be separated by the following unique combination of characters: in *Erromyrma* the **worker caste** is **polymorphic** in size, the **mandible** is not sculptured and has five teeth, the eye is located far in front of the mid-length of the **head capsule**, and the propodeal dorsum and sides are transversely sculptured.

Distribution, life history, and ecology: *Erromyrma* is represented by one **introduced** species, *E. latinodis*, and has been recorded from the southern Central Highlands and from the northwest. The native range of this species is probably the Indian subcontinent. *Erromyrma latinodis* nests and forages in leaf litter, rotten wood, under the bark of living trees,

Erromyrma

Erromyrma latinode

mais chaque mandibule possède cinq dent ; les yeux sont localisés loin devant la moitié antérieure de la **capsule céphalique** ; le dorsum du propodéum et les côtés sont transversalement sculptés.

Distribution, histoire naturelle et écologie : *Erromyrma* est représenté par une seule espèce **introduite**, *E. latinodis*, qui a été notée seulement dans le Sud des Hautes Terres centrales et dans le Nord-ouest de Madagascar. L'origine naturelle de cette espèce est probablement le sous-continent indien. *Erromyrma latinodis* niche et s'alimente dans la litière, dans le bois pourri, sous les écorces et sur les brindilles d'arbres vivants, dans les branches mortes. Les nids peuvent être localement abondants dans les **habitats** modifiés par l'homme (habitats **anthropogéniques**). Les colonies peuvent compter plus d'une centaine d'ouvrières. Les mâles de cette espèce n'ont jamais été collectés nulle part, même à Madagascar où nous avons dédié de grands efforts au suivi des colonies.

and in dead branches and twigs of living trees. Colonies may contain a hundred or more **workers** and nests may be locally abundant in human modified (**anthropogenic**) **habitats**. Males of this genus have never been collected across its range, including Madagascar, where we have spent a concerted effort to monitor colonies.

Euponera

Euponera maeva

Euponera mialy

Euponera
Ponerinae

Genre des régions afrotropicale,
indomalaise et malgache
Espèces trouvées à Madagascar :
    endémiques - 14 espèces

Identification : Parmi les Ponerinae
malgaches, seul *Euponera* présente
une dépression à la base de la
mandibule ainsi que l'ensemble des
caractères suivants : deux **éperons**
sur le **tibia** arrière, un **helcium** localisé
à la base de la face antérieure du
premier segment du **gaster** (A3), des
lobes frontaux modérés ou larges,
et un **stigmate propodéal** en forme
de fente. Le **sillon métanotal** peut
être présent ou absent. Le **pétiole**
(A2) consiste en un **nœud** ou une

Euponera
Ponerinae

Genus: Afrotropic, Malagasy, and
Indomalaya regions
Species on Madagascar:
    endemic - 14 species

Identification: Among the Malagasy
ponerines, only *Euponera* have a pit
(**fovea**) at the base of the **mandible**
and combine the following characters:
two **spurs** on the hind **tibia**, **helcium**
located at the base of the anterior
face of the first **gastral segment** (A3),
frontal lobes that are moderate to
large, a **metanotal groove** that may
be absent or present, and a slit-shaped
propodeal spiracle. The **petiole** (A2)
consists of a node or scale with a
simple **subpetiolar process** that lacks

Euponera sikorae

Euponera tahary

plaque avec un simple **processus sub-pétiolaire** qui ne présente pas de **fenestra** antérieure. Par ailleurs, une **prora** est présente sur le bord antérieur du premier **sternite** du gaster. Dans le genre, *E. sikorae* est l'espèce la plus souvent collectée. Elle est aisément reconnaissable par son **intégument** brillant, ses fovéas mandibulaires **basales**, les lobes frontaux en forme de cordes, son **mésopleuron** divisé, son sillon métanotal profond et sa forte constriction **gastrale**.

Les autres espèces d'*Euponera* ressemblent légèrement à *Bothroponera*, sauf que ces *Euponera* possèdent des fovéas mandibulaires basales ainsi qu'une impression concave, lisse et brillante à la jonction de la mandibule avec la **capsule céphalique.**

an anterior **fenestra** and a **prora** is present on the anterior margin of the first gastral **sternite**.

Euponera sikorae is the most commonly collected species in the genus. It is easily recognized by its shiny **integument**, **basal** mandibular pits, cordate frontal lobes, divided **mesopleuron**, deep metanotal groove, and strong **gastral** constriction. Other *Euponera* species resemble *Bothroponera* superficially but differ in having a basal mandibular pit (**fovea**) and a concave, glossy, smooth impression at the junction of the mandible with the **head capsule**.

Distribution, histoire naturelle et écologie : *Euponera* est limité aux forêts humides du Nord et de l'Est. Ces grosses fourmis nichent dans du bois pourri, directement dans le sol ou au-dessus du sol (sous des pierres ou sous des rondins). Elles cherchent leur nourriture à la surface, au sol ou dans la litière. Les espèces les plus communes semblent être des prédateurs généralistes. Cependant, un nid d'*E. sikorae* a été découvert avec 29 têtes de coléoptères staphylinides à l'intérieur ; ce qui suggère que cette espèce pourrait être un prédateur spécialisé. Les **reines ailées** et les **ouvrières** d'*E. sikorae* sont de même taille. Les colonies consistent de 20 ouvrières en moyenne (observations sur 8 colonies) avec une reine **désailée** qui pond tous les œufs. Certaines colonies n'ont cependant pas de reine ; la reproduction revient alors à une **gamergate**.

Eutetramorium
Myrmicinae

Genre endémique, connu seulement à Madagascar et à Mohéli (Comores)
Espèces trouvées à Madagascar :
    endémiques - deux espèces
    Région malgache - une espèce

Identification : *Eutetramorium* est le seul parmi les Myrmicinae malgaches à avoir des **antennes** à 12 segments dont les trois derniers forment une massue. La partie latérale du **clypeus** est surélevée en une crête étroite de chaque côté et devant les **fossettes antennaires** de sorte que ces dernières apparaissent comme des trous (comme chez

Distribution, life history, and ecology: *Euponera* is restricted to humid forests in the north and east. These large ants nest in rotten wood, directly in the soil, or in the ground under logs or stones. They forage on the surface, in leaf litter, and in topsoil. The more common species appear to be generalist predators. However, one nest of *E. sikorae* was discovered to contain 29 heads of a staphylinid beetles, suggesting this species is a specialized predator. Winged **queens** and **workers** of *E. sikorae* have the same body size. Colonies consist of 20 workers on average (n = 8 colonies), usually with one **dealate queen** that lays all the eggs. However, some colonies lack queens and the duty of reproduction falls to one **gamergate**.

Eutetramorium
Myrmicinae

Genus: Endemic, known only from Madagascar and Mohéli (Comoros)
Species on Madagascar:
    endemic - two species
    Malagasy Region - one species

Identification: Alone among the Malagasy myrmicines, *Eutetramorium* has 12-segmented **antennae** that terminate in a three-segmented club. The lateral portions of the **clypeus** are raised into a narrow ridge on each side, in front of the **antennal sockets**, so that the sockets appear to be set in pits, similar to *Tetramorium*. However, in *Eutetramorium*, at the mid-point of the anterior clypeal margin, the clypeus projects as a triangle; a character lacking in *Totramorium*. The sting is conspicuous and simple, without a

Eutetramorium

Eutetramorium mocquerysi

Eutetramorium monticellii

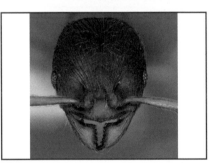

Eutetramorium parvum

Tetramorium). Cependant, chez *Eutetramorium*, le clypeus se projette comme un triangle vers le milieu de son bord antérieur (un caractère qui est absent chez *Tetramorium*). Le dard d'*Eutetramorium* est simple mais visible, sans l'appendice lamelleux près de l'apex **dorsal** comme c'est le cas chez *Tetramorium*.

lamellate appendage near its **dorsal** apex as found in *Tetramorium*.

Distribution, life history, and ecology: These ants are active on the floor of humid forests, where they are opportunistic predators and scavengers. *Eutetramorium monticellii* has winged **queens** and a broad distribution (both humid and dry forest)

Figure 32. *Eutetramorium mocquerysi* a des reines ergatoïdes et est limité aux forêts humides du Nord de Madagascar, sur une étroite bande de 600 à 900 m d'altitude. Les nids sont constitués d'une ou deux chambres à l'intérieur de bois humides en décomposition. (Cliché par C. Peeters.) / **Figure 32**. *Eutetramorium mocquerysi* has wingless **ergatoid queens** and is restricted to the northern humid forest in a narrow band around 600-900 m altitude. Nests consist of 1-2 chambers inside moist, decaying wood. (Photo by C. Peeters.)

Distribution, histoire naturelle et écologie : Ces fourmis sont très actives au sol des forêts humides où elles sont des prédateurs opportunistes ou des charognards. *Eutetramorium monticellii*, une espèce à large distribution puisqu'elle se rencontre à la fois dans les forêts humides et les forêts sèches de Madagascar et de Mohéli, a des **reines ailées**. *Eutetramorium mocquerysi*, espèce limitée aux forêts humides du Nord malgache, a au contraire des reines sans ailes (**ergatoïdes**). En général, les nids consistent en une ou deux chambres dans du bois humide en décomposition (Figure 32). Les colonies sont petites avec 35 femelles adultes (observations sur 17 colonies). Dans toutes ces colonies, sauf dans cinq d'entre elles, les reines ergatoïdes étaient plus nombreuses que les **ouvrières**. Etant donné l'absence de throughout Madagascar, as well as on Mohéli. In striking contrast, *E. mocquerysi* has wingless **ergatoid queens** and is restricted to northern humid forest. Nests consist of one to two chambers inside moist decaying wood (Figure 32). Colonies are small with about 35 female adults (n = 17 colonies). In all but five colonies, ergatoid queens were more numerous than **workers**. In the absence of external differences, dissections were necessary and revealed ergatoid queens to have six **ovarioles** and a **sperm reservoir**, while workers had two ovarioles and no sperm reservoir. These findings indicate workers cannot mate and produce female offspring. Dominance interactions ensure only a single queen mates and reproduces, while virgin queens function as laborers inside the nest

caractères distinctifs externes, des dissections ont été nécessaires pour révéler la présence de six **ovarioles** et d'une **spermathèque** chez les reines ergatoïdes, alors que les ouvrières n'ont que deux ovarioles et aucune spermathèque. Ces découvertes ont indiqué que les ouvrières ne peuvent ni s'accoupler ni produire de descendance. Des relations de dominance au sein de la colonie assurent cependant que seule une reine peut s'accoupler et se reproduire, les autres reines non-accouplées fonctionnant comme des travailleuses à l'intérieur du nid.

Hypoponera
Ponerinae

Genre cosmopolite
Espèces trouvées à Madagascar :
  endémiques - six espèces (y compris les sous-espèces) et 75 **taxa** connus non encore décrits
  Région malgache - trois espèces et un taxon connu non encore décrit
  introduite - une espèce

Identification : Parmi tous les Ponerinae, les ouvrières d'*Hypoponera* sont diagnostiquées grâce à l'ensemble des caractères suivants : présence d'un seul **éperon** sur le **tibia** arrière ; pétiole généralement **squamiforme** ; **processus sub-pétiolaire** avec un lobe arrondi et sans paire de dents dans la partie postérieure ; et généralement sans **fenestra** (fenêtre transparente) antérieure. Les **mandibules** sont triangulaires, avec un nombre variable de petites dents et sans sillon ou dépression à la

Hypoponera
Ponerinae

Genus Cosmopolitan
Species on Madagascar:
  endemic - six species (including subspecies) and 75 known undescribed **taxa**
  Malagasy Region - three species and one known undescribed taxon
  introduced - one species

Identification: Among the ponerines, *Hypoponera* workers are diagnosed by the following combination of characters: presence of a single **spur** on the hind **tibia**; **petiole** usually **squamiform**; **subpetiolar process** a rounded lobe without paired teeth posteriorly, and usually without an anterior **fenestra** (transparent window). **Mandibles** are triangular, with a variable number of small teeth and without **basal** pits or grooves. **Frontal lobes** are small and closely approximated; **metanotal groove** usually shallowly **depressed**; location of the **helcium** at the base of the anterior face of the first **gastral** segment (A3). Eyes may be absent or present and head and body without strong sculpturing. The largest species of *Hypoponera* are similar in shape and size to *Mesoponera ambigua*, while the smallest are most similar to *Ponera*. In *Mesoponera*, two spurs are present on the hind tibia (one spur in *Hypoponera*) and in *Ponera*, the subpetiolar process has a pair of teeth postero-**ventrally** (rounded to acute in *Hypoponera* and never with teeth).

Hypoponera

Hypoponera MG101

Hypoponera MG005

Hypoponera MG114

Hypoponera sakalava

base. Les **lobes frontaux** sont petits et fortement rapprochés ; le **sillon métanotal** est souvent légèrement **déprimé** ; l'helcium est localisé à la base de la face antérieure du premier segment du **gaster** (A3). Les yeux peuvent être présents ou absents. Ni la tête ni le corps ne présente de fortes sculptures.

Les espèces les plus grosses d'*Hypoponera* sont similaires, en taille et en forme, à *Mesoponera ambigua* tandis que les espèces les plus petites ressemblent à *Ponera*. Chez *Mesoponera*, il existe cependant deux éperons sur le tibia arrière (un éperon chez *Hypoponera*). Chez *Ponera*, le processus sub-pétiolaire présente une paire de dents positionnée postéro-**ventralement** (un processus arrondi, aigu et sans dent chez *Hypoponera*).

Distribution, histoire naturelle et écologie : *Hypoponera* est le plus commun des Ponerinae rencontrés dans la litière végétale, dans le sol ou dans du bois pourri. C'est aussi l'un des seuls Ponerinae présents dans les forêts humides et froides des montagnes au-dessus de 1600 m. Les nids sont construits dans le sol (soit directement sur ou sous la surface d'un objet), entre les feuilles comprimées de la litière, dans du bois mort (de la plus petite brindille jusqu'aux branches, troncs et souches pourris ainsi que sous les écailles et les écorces des arbres morts) ou sur le sol. Aucune espèce **arboricole** n'est connue. Les *Hypoponera* sont des charognards ou des prédateurs se nourrissant de petits **arthropodes**. La plupart des espèces ont des **reines** ainsi que des mâles ailés ; mais

Distribution, life history, and ecology: *Hypoponera* is the most common ponerine encountered in leaf litter, soil, or rotten wood and is one of the few Ponerinae present in the humid, cold montane forest above 1600 m. Nests are constructed in the soil, either directly on or under surface objects, between compressed leaves in the litter layer, in dead wood ranging from small twigs to entire rotting branches, trunks, stumps, under flakes of bark on dead timber, or in the ground; no **arboreal** species is known. *Hypoponera* are scavengers or general predators of small **arthropods**. Most species have normal winged **queens** and males, but some have **ergatoid** forms. In some species, ergatoid queens vary in body size. At least one, *H. punctatissima*, is a widespread **tramp** species. As only a few species have been named, investigations on the ecology and natural history of this diverse **lineage** on Madagascar have yet to commence.

quelques espèces ont également des reines **ergatoïdes**. Chez certaines espèces, les reines ergatoïdes ont des tailles variables. Au moins une espèce est connue comme **vagabonde** : *H. punctatissima*. Puisque seulement quelques espèces ont été nommées, la recherche sur l'histoire naturelle et l'écologie de cette **lignée** devraitêtre menée.

Lepisiota
Formicinae

Genre des régions afrotropicale, indomalaise et paléarctique, introduit dans la région malgache
Espèces trouvées à Madagascar :
    introduites - deux espèces

Identification : Parmi les Formicinae, seul *Lepisiota* se caractérise par des antennes à 11 segments et par un **pétiole** (A2) avec un long **pédoncule** postérieur. Dorsalement, le pétiole est armé d'une paire d'épines ou de dents ; bien que chez certaines espèces, ce pétiole soit seulement marginé. Le propodéum est armé d'une paire d'épines, de dents ou de **tubercules**. *Plagiolepis* a un **habitus** similaire, sauf que son propodéum n'est jamais armé.

Distribution, histoire naturelle et écologie : *Lepisiota* fut vraisemblablement introduit à Madagascar. Il se rencontre le plus couramment dans les zones côtières de l'Extrême Nord-est mais également dans les zones urbaines des Hautes Terres centrales. Les nids sont construits dans le sol, sous des pierres, dans du bois mort (encore sur pied ou déjà au sol), dans les souches

Lepisiota
Formicinae

Genus: Afrotropic, Indomalaya and Palearctic, introduced to Malagasy Region
Species on Madagascar:
    introduced - two species

Identification: Among the formicines, only *Lepisiota* characteristically have 11-segmented **antennae**, and the **petiole** (A2) has a long posterior **peduncle**. **Dorsally**, the petiole is usually armed with a pair of spines or teeth, but in some species is only emarginate. The **propodeum** is armed with a pair of spines, teeth, or **tubercles**. *Plagiolepis* has a similar **habitus** but the propodeum is never armed.

Distribution, life history, and ecology: *Lepisiota* is presumably **introduced** to Madagascar and found in urban areas in the Central Highlands but is more common in extreme northwest coastal areas. Nests are constructed in the soil, under stones, in standing or fallen dead wood and tree stumps, in twigs on low vegetation, and in rotten holes in trees. Certain species are avid tenders of plant- and insect-derived liquid secretions such as **extra floral nectar** and **honeydew** from sap-feeding hemipterans.

Lepisiota

Lepisiota canescens

Lepisiota MG03

des arbres, sur les brindilles de la végétation basse et dans les cavités pourries des arbres. Certaines espèces s'occupent avidement des secrétions de plantes ou d'insectes comme le **nectar extra-floral** et le miellat des hémiptères se nourrissant de sève.

Leptogenys
Ponerinae

Genre cosmopolite des régions tropicales et un peu moins des régions sub-tropicales
Espèces trouvées à Madagascar :
    endémiques - 51 espèces
    Région malgache - trois espèces
    Afro-malgache - une espèce
    introduite - deux espèces

Leptogenys
Ponerinae

Genus: Cosmopolitan, in tropical and to a lesser extent subtropical regions
Species on Madagascar:
    endemic - 51 species
    Malagasy Region - three species
    Afro-Malagasy - one species
    introduced - two species

Identification: Among the ponerines found on Madagascar, *Leptogenys* is one of the easiest to identify. The **tarsal** claws are usually distinctly **pectinate** on the hind leg (pectinate claw reduced in a few species). No other ponerines have pectinate tarsal claws. Other **diagnostic** characters in combination include the presence

Identification : Parmi les Ponerinae rencontrés à Madagascar, *Leptogenys* est l'un des plus faciles à identifier. Les griffes **tarsales** des pattes arrière sont généralement clairement **pectinées** (les griffes tarsales sont réduites chez quelques espèces). Aucun autre Ponerinae ne possède des griffes pectinées. Les autres caractères pour le diagnostic sont : la présence de deux **éperons** sur le **métatibia**, le corps effilé, des **mandibules** linéaires ou courbées (**falquées**) avec généralement deux (jamais plus de trois) dents. Le **clypeus** se projette généralement comme un lobe médian. Les **lobes frontaux** sont petits et couvrent partiellement les **fossettes antennaires.**

Distribution, histoire naturelle et écologie : *Leptogenys* est le plus grand genre (57 espèces valides) de Ponerinae à Madagascar (quoique *Hypoponera* ait encore de nombreuses espèces non décrites). *Leptogenys* se rencontre dans une grande variété d'**habitats**, allant des forêts semi-arides aux forêts humides. Les nids sont généralement construits au sol, à l'intérieur ou en-dessous de bois pourri, ou encore dans la litière végétale compressée. Quelques espèces nichent dans des branches mortes ou dans les trous pourris des arbres vivants, parfois bien au-dessus du sol. La nourriture est recherchée à la surface du sol, dans la couche arable et à l'intérieur ou en-dessous d'arbres tombés au sol. Les espèces qui nichent dans les trous pourris des arbres vivants recherchent généralement leur nourriture le long des troncs. Peu d'observations of two **spurs** on the **metatibia**, slender build, triangular to linear and curved (**falcate**) **mandibles** with never more than three teeth (usually two). The **clypeus** usually projects as a median lobe. The **frontal lobes** are small and only partially cover the **antennal sockets**.

Distribution, life history, and ecology: *Leptogenys* is the largest ponerine genus with 57 valid species on Madagascar (though *Hypoponera* has many undescribed species). It occurs in a wide variety of **habitats**, from semi-arid to humid forest. Nests are usually constructed in the ground, or in and under rotten wood, or in compressed leaf litter. A few species nest in dead branches or rotten holes in living trees, some distance above the ground. Foraging takes place in the topsoil, on the surface of the ground, or in and under fallen timber. Species that nest in rotten pockets in standing trees forage on trunks. Few observations of food preference are known from Madagascar but elsewhere *Leptogenys* are known to specialize on particular prey: isopods, termites, or amphipods. **Queens** of *Leptogenys* are always **ergatoid**. In several species, queen-**worker** differences in body size are minimal, and colonies have fewer than 50 workers. For example, two colonies of *L. angusta* had 25 and 17 workers, with a single queen (22 and 17 cocoons, respectively). **Gamergates** exist in one species (*L. acutirostris*) for which queens are unknown: one colony had 23 workers (one gamergate dissected), 13 cocoons, and seven **larvae**

Leptogenys

Leptogenys acutirostris

Leptogenys diana

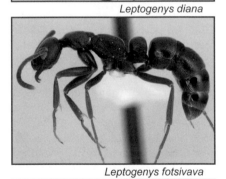

Leptogenys fotsivava

Leptogenys rabebe

relatives aux préférences alimentaires des *Leptogenys* ont été faites à Madagascar. Dans d'autres régions du monde, on sait que *Leptogenys* se spécialise sur des proies particulières : isopodes, termites ou amphipodes. Les **reines** de *Leptogenys* sont toujours **ergatoïdes**. Chez un certain nombre d'espèces, la différence de taille entre reines et ouvrières est minimale. Les colonies comportent moins de 50 ouvrières. Par exemple, une colonie de *L. angusta* avait 25 ouvrières, une reine et 22 cocons tandis qu'une autre colonie avait 17 ouvrières, une reine et 17 cocons. Les **gamergates** existent chez une espèce (*L. acutirostris*) pour qui aucune reine n'a été observée, la colonie comportant 23 ouvrières (un gamergate identifié par dissection), 13 cocons et sept **larves**.

Les cocons de *Leptogenys* sont souvent de couleur sombre. Comme *Leptogenys* se déplace très rapidement, il est typiquement difficile d'en collecter avec un **aspirateur**. Le fait de soulever une pierre peut révéler un grand nombre d'ouvrières avec du couvain mais ces derniers disparaissent très rapidement.

Lioponera
Dorylinae

Genre des régions tropicales et subtropicales de l'Ancien Monde
Espèces trouvées à Madagascar :
    endémiques - deux espèces et 13 **taxa** connus non encore décrits

Identification : *Lioponera* possède un nœud **pétiolaire** avec des bords dorso-latéraux acérés. La métacoxa présente un **bourrelet**

The cocoons of *Leptogenys* are often dark in color. *Leptogenys* are also notoriously fast moving, rendering them difficult to collect with an **aspirator**. Pulling up a stone might reveal a large number of workers and brood, but they disappear quickly.

Lioponera
Dorylinae

Genus: Tropical and subtropical regions of the Old World
Species on Madagascar:
    endemic - two species and 13 known undescribed **taxa**

Identification: *Lioponera* have a **petiole** node with sharp dorso-lateral margins and the **metacoxa** has a posterodorsal **cuticular flange** that forms a raised vertical **lamella**. In addition, *Lioponera* has 12-segmented **antennae**, eyes, no **ocelli**, and lacks the **promesonotal suture**; the **propodeal spiracle** is low on the side and situated behind the mid-length of the **sclerite**, and **propodeal lobes** are present. The **mesotibia** has a single **spur** and the **pretarsal claws** lack a **preapical** tooth.

Distribution, life history, and ecology: *Lioponera* occurs throughout Madagascar in coastal sand dunes, spiny bush, dry forest, humid forest, and montane forest. Their nests are frequently found in or under rotten wood, under stones, or in the soil. *Lioponera* prey on the brood of other ants, especially *Pheidole*. We observed a raid of about 500 **workers** swarming out of a nest of *Lioponera* mg02 and following a chemical trail on

Lioponera

Lioponera MG01

Lioponera MG02

Lioponera MG06

Lioponera MG08

cuticulaire postéro-dorsal formant des **lamelles** dressées verticalement. De plus, *Lioponera* a des antennes à 12 segments, des yeux mais pas d'**ocelle**. La **suture promésonotale** est absente. Le **stigmate propodéal** est situé vers le bas, dans la moitié postérieure du **sclérite**. Les **lobes propodéaux** sont présents. Le **mésotibia** présente un seul **éperon** tandis que les **griffes prétarsales** n'ont pas de dents **préapicales**.

Distribution, histoire naturelle et écologie : *Lioponera* se rencontre partout à Madagascar : dans les dunes de sable côtières, dans les fourrés épineux, dans les forêts humides et dans les forêts de montagne. Leurs nids se trouvent fréquemment à l'intérieur ou en-dessous de bois pourris, sous les pierres ou dans le sol. *Lioponera* se nourrit du couvain des autres fourmis, surtout ceux de *Pheidole*. Nous avons pu observer un raid composé d'environ 500 ouvrières sortant d'un nid de *Lioponera* mg02 pour suivre une piste chimique laissée au sol et sur la végétation basse (Figure 33), jusqu'à un nid de *Pheidole longicornis*. Les ouvrières de *P. longicornis* ont essayé de s'échapper, souvent en emportant leur couvain entre les mandibules, suggèrant une

Figure 33. *Lioponera* est un prédateur se nourrissant du couvain d'autres espèces de fourmis, comme celui de *Pheidole* ou de *Camponotus*. Ici, des *Lioponera* sont en train de quitter leur nid de bois pourri pour aller attaquer le nid d'une *Pheidole*. (Cliché par B. Fisher.) / **Figure 33**. *Lioponera* is a brood predator of ants such as *Pheidole* and *Camponotus*. Here *Lioponera* are leaving their nest in a rotten log to raid the brood of *Pheidole*. (Photo by B. Fisher.)

the forest floor and low-lying vegetation (see Figure 33) to a nest of *Pheidole longicornis*. The *Pheidole* workers ran to escape, often with brood between their **mandibles**, suggesting that they recognize *Lioponera*. Raiders stung adults and brood, and later returned singly along the same trail carrying brood (Figure 34). This colony contained 2409 workers and one **queen**. We observed another raid of 30-40 workers of *Lioponera* mg10 on *Nylanderia amblyops*.

Flying queens are unknown in Malagasy *Lioponera*, and colonies multiply by **fission**. Queens are **brachypterous** in several species, hatching from cocoons with short, non-functional wings that quickly detach. Because brachypterous queens retain complex **thorax** segmentation, examination of museum specimens gives the misleading impression of

Figure 34. Des *Lioponera* de retour à leur nid après avoir volé le couvain de *Pheidole*. (Cliché par B. Fisher.) / **Figure 34**. *Lioponera* upon returning to the nest with the stolen brood of *Pheidole*. (Photo by B. Fisher.)

capacité à reconnaître *Lioponera*. Les attaquants ont piqué les adultes et le couvain avant de les ramener individuellement le long des mêmes pistes (Figure 34). Cette colonie de *Lioponera* comprenait 2409 ouvrières et une **reine**. Nous avons également observé un raid similaire fait par 30 à 40 ouvrières de *Lioponera* mg10 sur une colonie de *Nylanderia amblyops*.

Il ne semble pas y avoir de reines volantes chez *Lioponera* à Madagascar, les colonies se multipliant par **fission**. Chez plusieurs espèces, les reines sont **brachyptères**, sortant de leurs cocons avec des ailes courtes et non-fonctionnelles qui se détachent rapidement. Comme ces reines brachyptères conservent une segmentation complexe du **thorax**, l'examen de spécimens

flying ability (Figure 13). Colonies of *Lioponera* mg02 can attain sizes of up to a few thousand workers (average is 1000, n = 6), a phenomenon which has not been reported on other continents. Queens have a huge **abdomen** that reflects a large number of **ovarioles**, allowing a high, sustained rate of egg laying.

de musées donne une fausse impression qu'elles sont capables de voler (Figure 13). Les colonies de *Lioponera* mg02 peuvent contenir jusqu'à plusieurs milliers d'ouvrières (la moyenne étant de 1000 ouvrières à partir d'observations sur six colonies), ce qui n'a pas été observé sur d'autres continents. Les reines ont un **abdomen** énorme, reflétant le grand nombre d'**ovarioles** s'y trouvant, ce qui leur permet de pondre des œufs à un rythme soutenu et élevé.

Lividopone
Dorylinae

Genre endémique, connu seulement à Madagascar
Espèces trouvées à Madagascar :
    endémique - une espèce et 13 **taxa** connus non encore décrits

Identification : Parmi les Dorylinae de l'Ancien Monde, *Lividopone* est immédiatement reconnaissable par son large **helcium** haut-placé qui, vu de profil, part à proximité du bord dorsal de A3 (chez les autres Dorylinae, l'helcium part en effet vers le milieu de A3). De plus, la **suture** du **promésonotum** et la suture entre le **pronotum** et le **mésopleuron** sont absentes ; le pronotum étant entièrement fusionné avec le mésonotum dorsalement et avec le mésopleuron latéralement.

Distribution, histoire naturelle et écologie : Ce genre se rencontre dans les forêts humides de l'Est, avec parfois quelques rencontres sur les Hautes Terres centrales. *Lividopone* a été collecté sous des bois pourris,

Lividopone
Dorylinae

Genus: Endemic, known only from Madagascar
Species on Madagascar:
    endemic - one species and 13 known undescribed **taxa**

Identification: Among the Old World dorylines, *Lividopone* is immediately recognized by its high-set and broad **helcium**, which in profile originates close to the **dorsal** margin of A3; in other doryline genera, the helcium starts at about the mid-height of A3. In addition, the **promesonotal** and **pronotal**-**mesopleural sutures** are absent, with the **pronotum** entirely fused to the **mesonotum** dorsally and the mesopleuron laterally.

Distribution, life history, and ecology: This genus occurs in humid forests of the east, with fewer records in the Central Highlands. It has been collected under rotten wood, in leaf litter and soil, and at least one species is **arboreal** and has been found in dead twigs above ground. **Queens** are wingless (**ergatoid**). Like *Lioponera*, these ants specialize in raiding the brood of other ants. However, the colonies and the body size of workers of *Lividopone* are smaller than in *Lioponera*.

Lividopone

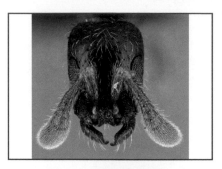

Lividopone MG08

Lividopone MG09

Lividopone MG10

Lividopone MG12

dans la litière. Au moins une espèce est **arboricole** et a été trouvée dans des brindilles mortes bien au-dessus du sol. Les **reines** n'ont pas d'ailes (**ergatoïdes**). Comme *Lioponera*, *Lividopone* se spécialise dans l'attaque du couvain des autres fourmis. Cependant, les ouvrières de *Lividopone* sont plus petites que celles de *Lioponera*, et les colonies moins populeuses.

Malagidris
Myrmicinae

Genre endémique, connu seulement à Madagascar
Espèces trouvées à Madagascar :
    endémiques - six espèces

Identification : *Malagidris* possède des **antennes** souvent très minces et formés de 12 segments dont les trois derniers constituent une massue. Les **mandibules** sont triangulaires et portent au moins huit dents. Le **clypeus** porte une seule **seta** épaisse au milieu du bord antérieur convexe. Le **pronotum** et la partie antérieure du **mésonotum** sont dilatés et présentent une forme clairement convexe en vue de profil. Le point le plus haut de la partie **dorsale** du **promésonotum** est considérablement plus élevé que le **dorsum propodéal** qui est long et **bispinose** dans sa partie postérieure. Le premier **tergite** du **gaster** (tergite de A4) ne chevauche que très légèrement le sternite du **gaster**. Le dard est simple mais fortement développé.
    Les plus grosses espèces de *Malagidris* ressemblent à des *Aphaenogaster* jaunes. Elles diffèrent d'*Aphaenogaster* par la forme de la

Malagidris
Myrmicinae

Genus: Endemic, known only from Madagascar
Species on Madagascar:
    endemic - six species

Identification: *Malagidris* has 12-segmented **antennae** that terminate in a three-segmented club, and are often very slender. The **mandibles** are triangular and have at least eight teeth. The **clypeus** has a stout, unpaired **seta** at the midpoint of the convex anterior margin. The **pronotum** together with the anterior **mesonotum** is swollen and distinctly convex in profile, so that the **dorsal-**most point of the **promesonotum** is considerably higher than the **propodeal dorsum**, which is long and posteriorly **bispinose**. The first gastral **tergite** (tergite of A4) does not broadly overlap the **sternite** on the **gaster**, and the sting is strongly developed and simple. The larger species of *Malagidris* look like yellow *Aphaenogaster*, but differ from *Aphaenogaster* in the shape of the head (*Aphaenogaster* has a long neck and collar, both absent in *Malagidris*) and the antennae (*Malagidris* has a three-segmented club, while *Aphaenogaster* has a four-segmented club). Smaller species of *Malagidris* are most similar to *Vitsika*, but the anterior clypeal margin in *Vitsika* has a small median notch.

Distribution, life history, and ecology : All but one species (*M. belti*) is restricted to the northern portion of the island. It inhabits both humid

Malagidris

Malagidris alperti

Malagidris dulcis

Malagidris jugum

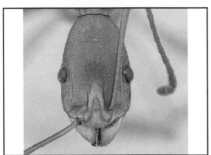
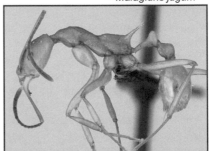

Malagidris sofina

tête (*Aphaenogaster* a un long cou et un collier, ce qui n'est pas le cas pour *Malagidris*) et par les antennes (celles d'*Aphaenogaster* ont des massues à quatre segments tandis que celles de *Malagidris* en ont trois). Les espèces les plus petites de *Malagidris* sont similaires à *Vitsika*, sauf que ce dernier a une petite encoche médiane dans le bord antérieur du clypeus.

Distribution, histoire naturelle et écologie : Toutes les espèces, à l'exception de *M. belti*, se limitent à la partie nord de l'île. *Malagidris belti* habite à la fois dans les forêts sèches et dans les forêts humides. Il niche dans du bois pourri, dans le sol, ou en-dessous de pierres. La recherche de nourriture au sol est fréquente. Des **ouvrières** ont aussi été collectées dans la litière végétale ou dans du bois pourri. *Malagidris sofina*, qui se trouve dans la région du Sambirano, fait son nid sur les parois des falaises dans des cavités naturelles de la roche ou sur les talus en argile. Les colonies ont environ 60 ouvrières et une seule **reine ergatoïde** (observations sur 15 colonies). Les colonies se multiplient alors par

and dry forest, nesting in rotten wood or in the ground, either directly on or under stones. Ground foraging is frequent, and **workers** have also been recovered from leaf litter and rotten wood. *Malagidris sofina*, found in the Sambirano Region, nests on cliff faces in natural rock alcoves or clay banks. Colonies have about 60 workers and a single **ergatoid queen** (n = 15 colonies). Colonies multiply by **fission**. Each nest has a funnel-shaped entrance projecting horizontally from the cliff face in the shape of an ear (Figure 35). This funnel likely increases airflow within the nest. Among the six known *Malagidris* species, *M. sofina* is the only cliff dwelling ant known in Madagascar and the only one that builds funnel-shaped entrances. Workers display little aggression but respond to several species with an original form of nest defense, cliff jumping: workers drop off the cliff face while clinging to invaders and then return to their nest.

Figure 35. *Malagidris sofina*, rencontré dans la Région de Sambirano près d'Ambanja, niche sur les parois des falaises dans des cavités naturelles de la roche ou sur les talus en argile. Chaque nid présente une entrée en saillie, en forme d'oreille qui se projette perpendiculairement à la paroi pour faciliter le mouvement d'air. (Cliché par B. Fisher.) / **Figure 35**. *Malagidris sofina*, found in the Sambirano Region near Ambanja, nests on cliff faces in natural rock alcoves or clay banks. Each nest has an ear-shaped entrance projecting from the cliff face that acts as an air funnel. (Photo by B. Fisher.)

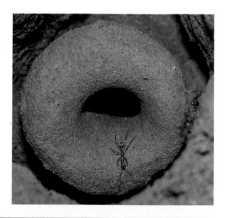

fission. Chaque nid a une entrée en saillie (Figure 35) en forme d'entonnoir qui s'avance perpendiculairement à la paroi et ressemble à une oreille. Cette construction augmente probablement le flux d'air circulant dans le nid. Parmi les six espèces connues de *Malagidris*, *M. sofina* est la seule fourmi connue à Madagascar qui vit sur les parois rocheuses et qui construit des nids avec des entrées en forme d'oreilles. Les ouvrières font preuve de très peu d'agressivité. Ces ouvrières ont cependant un système de défense de nid plutôt original : elles s'accrochent aux fourmis d'autres espèces qui essaient de les envahir et se laissent tomber du haut des escarpements, après quoi elles retournent au nid.

Melissotarsus
Myrmicinae

Genre des régions afrotropicale et malgache ainsi que de la Péninsule Arabique
Espèce trouvée à Madagascar :
    Région malgache - une espèce

Identification : Parmi les Myrmicinae,

Melissotarsus
Myrmicinae

Genus: Afrotropic, Arabian Peninsula, and Malagasy
Species on Madagascar:
    Malagasy Region - one species

Identification: Among the myrmicines, *Melissotarsus* has only six **antennal segments**, of which the **apical** two form a distinct club; **antennal scrobes** are absent. The **frontal lobes** are confluent mid-**dorsally**, and the **clypeus** does not project back between the lobes. The dorsal **mesosoma** shows no trace of **sutures** or impressions (**thorax** is completely fused, box-like). The **procoxa** is much smaller than the **mesocoxa** and **metacoxa**, each of which is massive. The **mesobasitarsus** and **metabasitarsus** have **apical** circlets of stout spines used for traction. The **mesonotum** and **petiole** lack teeth or **tubercles**. Other genera with reduced antennal counts include *Strumigenys* (4-6) but *Melissotarsus* differs in having a small procoxa, no antennal scrobes, and no **spongiform**

Melissotarsus

Melissotarsus insularis

Melissotarsus est le seul à avoir six **segments antennaires** dont les deux **apicaux** forment une massue bien distincte. Les **sillons antennaires** sont absents. Les **lobes frontaux** confluent à mi-chemin sur le côté dorsal ; le **clypeus** ne se projette pas vers l'arrière entre ces lobes. Le **mésosome** dorsal ne montre aucune trace de **sutures** ou **d'impressions**, le **thorax** étant complètement fusionné (comme une boîte). Le **précoxa** est beaucoup plus petit que le **mésocoxa** et le **métacoxa** qui sont tous les deux massifs. Le **mésobasitarse** et le **métabasitarse** présentent, dans leurs parties **apicales**, de petits cercles d'épines épaisses impliquées dans la traction. Ni le **mésonotum** ni le **pétiole** ne présente de dents ou de **tubercules**.

Parmi les genres qui ont des antennes réduites, il y a *Strumigenys* (4 à 6 segments). *Melissotarsus* se distingue cependant de *Strumigenys* par la petite taille de son précoxa, par l'absence de sillon antennaire ainsi que par l'absence de tissus spongieux entre la **taille** et les segments du **gaster**.

Distribution, histoire naturelle et écologie : *Melissotarsus insularis* se limite aux régions côtières de Madagascar et aux fourrés épineux du Sud-ouest. Les minuscules **ouvrières** creusent des galeries étroites dans du bois sain, juste en-dessous de l'écorce d'arbres vivants. Ces galeries contiennent des dizaines de milliers de **cochenilles diaspines** que *Melissotarsus* élève comme partenaires obligatoires (Figure 36). Ces ouvrières ne sont presque

Figure 36. Les tunnels que *Melissotarsus insularis* creuse dans le bois vivant contiennent des dizaines de milliers de cochenilles diaspines jaunes qui sont élevés comme nourriture. (Cliché par C. Peeters.) / **Figure 36**. The tunnels excavated in living wood by *Melissotarsus insularis* contain tens of thousands of yellow diaspidid coccids that are reared for food. (Photo by C. Peeters.)

tissue present between the **waist** and gastral segments.

Distribution, life history, and ecology: *Melissotarsus insularis* is restricted to the coastal regions of Madagascar and the spiny bush in the southwest. The minute **workers** dig narrow galleries in healthy wood, under the bark of living trees. These galleries contain tens of thousands of yellow **diaspidid scale insects** that are reared as obligate partners (Figure 36). Workers are almost never seen outside host trees. The gait of living workers is peculiar; when walking, the fore and hind legs come in contact with the substrate, while the middle legs are

jamais vues en-dehors de l'arbre qui les héberge. Les ouvrières ont une démarche singulière : en marchant, leurs pattes avant et arrière sont en contact avec le substrat tandis que les pattes du milieu se projettent vers le haut et s'appuient contre les parois des galleries. Les ouvrières ont donc du mal à marcher sur une surface platte. Elles doivent trouver leur nourriture à l'intérieur des galeries. *Melissotarsus* se nourrit des sécrétions des **cochenilles** et il est probable qu'elles mangent les plus âgées. La tête des ouvrières est énorme car bourrée de muscles pour donner de la puissance aux **mandibules** et creuser dans le bois. Les **antennes** sont très courtes et les yeux sont réduits. Cette **morphologie** anormale reflète le style de vie extrêmement spécialisé et limité à l'intérieur de l'arbre. Les ouvrières adultes sont capables de produire une soie à partir de glandes spécialisées dans la tête, ceci est un cas unique chez les fourmis. Quand des brèches dans l'écorce ont besoin d'être scellées, cette soie est rapidement tissée et combinée à des copeaux de bois récupérés à l'intérieur des galeries pour former une maille durable. Les nids peuvent être localisés grâce aux marques extérieures laissées sur les écorces.

Meranoplus
Myrmicinae

Genre des régions tropicales et subtropicales de l'Ancien Monde ainsi que de la Péninsule Arabique
Espèces trouvées à Madagascar :
    endémiques - quatre espèces

elevated and contact the gallery walls. Therefore, workers struggle to walk on a flat surface, and are restricted to foraging inside their tunnels. This implies they must obtain all their nourishment from the scale insects. Worker heads are huge and packed with muscles to power the **mandibles**, enabling them to tunnel through wood. **Antennae** are very short and the eyes reduced. This aberrant **morphology** reflects a highly specialized, obligate lifestyle inside trees. Uniquely among ants, adult workers are able to produce silk using specialized glands in the head. Whenever breaches in the bark need to be sealed, silk is quickly spun and combined with wood shavings from inside the galleries to form a durable mesh. Nests can be located by the exterior markings on the bark.

Meranoplus
Myrmicinae

Genus: Tropical and subtropical regions of the Old World, and Arabian Peninsula
Species on Madagascar:
    endemic - four species

Identification: *Meranoplus* combines the characters of nine-segmented **antennae** that terminate in a three-segmented club, with a uniquely constructed **mesosoma**. In **dorsal** view, the **promesonotum** forms a broad shield that is expanded laterally posteriorly and overhangs the sides and **propodeum**. The lateral and posterior margins of the **promesonotal shield** are equipped with spines or lobes, and sometimes with translucent **fenestrae** (window). In addition, the

Meranoplus

Meranoplus cryptomys

Meranoplus mayri

Meranoplus radamae

Meranoplus sylvarius

Identification : *Meranoplus* combine les caractères distinctifs suivants : des **antennes** à neuf segments, dont une massue à trois segments, ainsi qu'un **mésosome** construit de manière unique. En effet, en vue **dorsale**, le **promésonotum** forme un large bouclier qui s'étend latéralement vers l'arrière et qui surplombe les côtés, ainsi que le **propodéum**. Les bords latéraux et postérieurs de ce **bouclier promésonotal** sont équipés d'épines ou de lobes, et parfois des **fenestrae** (fenêtres translucides). Par ailleurs, les **mandibules** ont seulement quatre ou cinq dents. Des **sillons antennaires** profonds s'étendent au-dessus des yeux. Le **pétiole** (A2) est **sessile**. En vue dorsale, le premier **tergite** du **gaster** (tergite de A4) forme la grande partie visible du gaster.

Meranoplus peut être confondu avec les *Tetramorium* vivant au sol. Cependant *Meranoplus* a un bouclier dorsal très distinctif et un grand tergite gastral.

Distribution, histoire naturelle et écologie : *Meranoplus* se rencontre dans tout le Sud et dans le Centre de Madagascar ; il est par contre absent dans le Nord. La plupart des espèces préfèrent les savanes ouvertes, les zones boisées ou les forêts sèches. *Meranoplus sylvarius* se rencontre cependant en forêts humides. Toutes les espèces nichent dans le sol ou au milieu des racines de plantes. Parfois, un petit cratère marque l'entrée du nid. Quand ils sont dérangés, les individus vivant dans les environnements ouverts et **xériques** vont faire le mort ; puisque comme le sol s'est accumulé sur leurs **setae**, ces fourmis sont

mandibles have only 4-5 teeth, deep antennal **scrobes** extend above the eye, the **petiole** (A2) is **sessile**, and the first **gastral tergite** (tergite of A4) accounts for most or all of the visible portions of the **gaster** in dorsal view. *Meranoplus* may be confused with other ground nesting *Tetramorium* but are easily separated by the distinct dorsal shield and large gastral tergite present in *Meranoplus*.

Distribution, life history, and ecology: *Meranoplus* is found throughout southern and central Madagascar but absent in the north. Most species prefer open savanna, woodland or dry forest, while *M. sylvarius* is found in humid forest. All species nest in the ground, either directly or among the roots of plants. Sometimes a small crater marks the nest entrance. When disturbed, individuals in open **xeric** environments will play dead; because soil accumulates on their **setae**, they are hard to find. Most species are thought to be **omnivores** and facultative **granivores**.

Mesoponera

Mesoponera ambigua

alors difficiles à trouver. La plupart des espèces sont considérés comme des **omnivores** et des **granivores** facultatifs.

Mesoponera
Ponerinae

Genre des régions tropicales et sub-tropicales de l'Ancien Monde
Espèce trouvée à Madagascar :
    Afro-malgache - une espèce

Identification : Une seule espèce de *Mesoponera* se rencontre à Madagascar : *M. ambigua* qui est reconnaissable par la combinaison des caractères suivants : présence de deux **éperons** sur le **métatibia**, emplacement de l'**helcium** à la base de la face antérieure du premier segment du gaster (A3), absence de trou ou sillon basal au niveau de la **mandibule**. Les **lobes frontaux** sont très petits et très rapprochés. Un **sillon métanotal** imprimé est présent. Dorsalement, le propodéum est étroit. Le **nœud pétiolaire** (A2) est mince, surélevé et en forme d'écaille, vu de profil. Les **griffes prétarsales** du métatarse sont simples. La tête et le

Mesoponera
Ponerinae

Genus: Tropical and subtropical regions of the Old World
Species on Madagascar:
    Afro-Malagasy - one species

Identification: *Mesoponera* is known from one species on Madagascar (*M. ambigua*) and is recognizable by the following combination of characters: presence of two **spurs** on the **metatibia**, placement of the **helcium** at the base of the anterior face of the first **gastral segment** (A3), and **mandible** without a **basal** pit and groove. The **frontal lobes** are very small and closely spaced. A **metanotal groove** is present and **impressed**, **propodeum** is narrowed **dorsally**, and the **petiolar node** (A2) in profile is thin, high, and **scale**-like. The **pretarsal claws** of the metatarsus are simple. The head and body are weakly sculptured with sparse **pilosity**. *Mesoponora* is similar to larger species of *Hypoponera* (*sakalava*-group) but *Mesoponera* has two spurs on the metatibia and the **scape** extends well beyond the margin of the head.

corps sont faiblement sculptésavec une faible **pilosité**.

Mesoponera est similaire aux espèces les plus grosses de *Hypoponera* (dans le groupe *sakalava*). Cependant, *Mesoponera* possède deux éperons sur le métatibia ainsi qu'un **scape** s'étendant bien au-delà des bords de la tête.

Distribution, histoire naturelle et écologie : *Mesoponera* se rencontre dans tout Madagascar. Il niche dans le sol ou dans du bois pourri au-dessus de la litière et dans la couche superficielle du sol. Etonnamment, *Mesoponera* est absent des forêts humides de basse altitude de la péninsule de Masoala.

Distribution, life history, and ecology: *Mesoponera* occurs throughout Madagascar and nest in the ground, or in rotten wood resting on leaf litter and topsoil. Surprisingly, *Mesoponera* is absent from the humid lowland forests of the Masoala Peninsula.

Metapone
Myrmicinae

Genus: Tropical regions of the Old World
Species on Madagascar:
    endemic - three species

Metapone

Metapone emersoni

Metapone madagascarica

Metapone
Myrmicinae

Genre des régions tropicales de l'Ancien Monde
Espèces trouvées à Madagascar :
    endémiques - trois espèces

Identification : *Metapone* est facilement reconnaissable parmi les Myrmicinae. Il combine les caractères distinctifs suivants : des **antennes** à 11 segments dont les trois derniers forment une massue ; des yeux rudimentaires avec un petit (quoique variable) nombre de **facettes** ; un grand **clypeus** projeté vers l'avant et qui s'insère entre les **lobes frontaux** ; une **précoxa** clairement plus petite que la **mésocoxa** et la **métacoxa** ainsi que d'épaisses épines de traction au sommet du **mésotibia** et du **métatibia** et sur les **basitarses** de chaque patte.

Distribution, histoire naturelle et écologie : Les espèces de *Metapone* se trouvent surtout dans les forêts humides de l'est ; bien qu'elles se rencontrent aussi dans les forêts sèches, dans les forêts galeries et dans les fourrés épineux de l'Ouest et du Sud-ouest. Les **ouvrières** sont aveugles et sont actives uniquement à l'intérieur des troncs d'arbres tombés au sol. Toutes les espèces sont des prédateurs de termites particuliers. *Metapone emersoni* est associé avec *Cryptotermes*, les deux partageant les mêmes troncs d'arbre. Cela signifie que les **reines** qui se sont récemmont accouplées doivent voler jusqu'à trouver un tronc d'arbre contenant les termites appropriées avant de fonder une nouvelle colonie.

Identification: *Metapone* is easily recognized among the myrmicines. It has a combination of 11-segmented **antennae** that terminate in a club of three segments; vestigial eyes with a small, variable number of **ommatidia**; a large, anteriorly projecting **clypeus** that posteriorly is very broadly inserted between the **frontal lobes**; **procoxae** that are conspicuously smaller than the **mesocoxae** and **metacoxae**; and traction spines at the apices of the **mesotibiae** and **metatibiae**, and on the **basitarsi** of every leg.

Distribution, life history, and ecology: *Metapone* species are found mostly in eastern humid forests but also in dry forest, gallery forest, and spiny bush in the west and southwest. All species are predators on particular termites. **Workers** are blind and active only inside fallen logs. *Metapone emersoni* is a predator on *Cryptotermes*, and both share the same fallen trees. This means that young, newly mated **queens** must fly around until they find fallen trees inhabited by the right termite species to found new colonies. After the **foundress** has died, however, her worker offspring can mate with brothers and reproduce. Such **gamergates** are highly unusual among myrmicines, but this reproductive system allows them to inherit a valuable and long-lasting resource (i.e., a log to nest in, full of termites as food). Queens are similar in body size to workers, allowing the annual production of many sexuals, which is probably needed for successful **colonization** of logs with the right kind of termites.

Après la mort de la reine **fondatrice**, les ouvrières qui en descendent peuvent s'accoupler avec leurs frères et se reproduire ainsi. De tels **gamergates** sont complètement inhabituels chez les Myrmicinae, mais ce système de reproduction permet d'hériter de ressources précieuses pendant longtemps (par ex. un tronc pour y nicher, plein de termites pour s'alimenter). Les reines et les ouvrières sont de tailles similaires, ce qui permet la production annuelle de nombreux individus sexués nécessaires pour une **colonisation** réussie de troncs d'arbres hébergeants les termites appropriés.

Monomorium
Myrmicinae

Genre cosmopolite
Espèces trouvées à Madagascar :
   endémiques - 10 espèces et un **taxon** connu non encore décrit
   Région malgache - une espèce
   Afro-malgache - quatre espèces
   introduites - trois espèces

Identification : *Monomorium* a des **antennes** à 11 ou 12 segments, toujours avec une massue **apicale** de trois segments. Les mandibules possèdent seulement trois ou quatre dents. Les yeux sont présents mais réduits. Derrière les petits **lobes frontaux**, les **carènes frontales** sont absentes. Les **sillons** antennaires sont également absents. Le bord antérieur du **clypeus** possède une seule **seta** en son milieu. La partie médiane du clypeus est généralement **bicarénée** longitudinalement. Les parties latérales du clypeus ne sont

Monomorium
Myrmicinae

Genus: Cosmopolitan
Species on Madagascar:
   endemic - 10 species and one known undescribed **taxon**
   Malagasy Region - one species
   Afro-Malagasy - four species
   introduced - three species

Identification: *Monomorium* has 11- or 12-segmented **antennae**, always with an **apical** club of three segments. The **mandible** has only 3-4 teeth, and reduced eyes are present. **Frontal carinae** are absent behind the small **frontal lobes**, and antennal **scrobes** are not present. The anterior clypeal margin has a single seta at the mid-point, and the median portion of the **clypeus** is usually longitudinally **bicarinate**. The lateral portions of the clypeus are not raised into a ridge or shield wall in front of the **antennal sockets** (as in *Tetramorium* and *Eutetramorium*). The **propodeum** is usually unarmed and rounded, and the first gastral **tergite** (tergite of A4) overlaps the **sternite** on the **ventral** surface of the **gaster**. *Trichomyrmex* is morphologically similar but distinct in having circular striations around the **antennal insertions**. *Monomorium* is morphologically similar to *Royidris*, but *Royidris* differs in having five teeth on the mandible and the presence of a **carina** at the back of the head. *Erromyrma* differs in having five teeth on the mandible, and transverse striations on dorsum and sides of an elongate propodeum. *Solenopsis mameti* is also similar in appearance but is easily distinguished by

surélevées ni en crêtes ni en bouclier ni en mur devant les **fossettes antennaires** (comme c'est le cas chez *Tetramorium* et *Eutetramorium*). Le **propodéum** arrondi n'est généralement pas armé. Le premier **tergite** du **gaster** (tergite de A4) se chevauche avec le **sternite** de la face **ventrale** du gaster.

Monomorium et *Trichomyrmex* ont des morphologies assez similaires, sauf que *Trichomyrmex* se distingue par la présence des stries circulaires autour des **insertions antennaires**. *Monomorium* est aussi similaire à *Royidris*, sauf que *Royidris* se caractérise par les cinq dents mandibulaires ainsi que par la présence d'une **carène** à l'arrière de la tête. *Erromyrma* se distingue par les cinq dents mandibulaires et les stries transversales sur le dorsum et sur les côtés du propodéum allongé. *Solenopsis mameti* est également ressemblant mais se distingue par l'antenne à 10 segments se terminant par une massue à deux segments.

Distribution, histoire naturelle et écologie : Les espèces de *Monomorium* se rencontrent à travers Madagascar dans presque tous les **habitats**, allant des fourrés épineux du Sud-ouest aux forêts humides de l'Est, allant du sol jusque dans la canopée des arbres (bien que quelques espèces seulement soient **arboricoles**). La taille minuscule des **ouvrières** leur permet d'occuper une **diversité** de **micro-habitats**. *Monomorium chnodes* est capable de nicher dans la plante *Gravesia* (Melastomataceae), les ouvrières étant assez petites pour circuler entre les

10-segmented **antenna** topped with a two-segmented club.

Distribution, life history, and ecology: Species of *Monomorium* occur throughout Madagascar and in almost all **habitats**, from the harsh spiny bush of the southwest to humid forests of the east, and from the soil to the tree canopy, but only a few species are **arboreal**. The minute size of **workers** allows them to live in a **diversity** of **micro-habitats**. *Monomorium chnodes* is able to nest in the plant *Gravesia* (Melastomataceae) because the workers are small enough to walk in between the long, **erect** hairs on leaves and veins. *Monomorium* can also nest under stones, among plant roots, in leaf litter and fallen twigs, under flakes of bark on live or fallen trees, and in rotten wood, either on the ground or in standing trunks. Most species are generalist scavengers and predators of a wide range of small **arthropods**, but some will also collect plant- and insect-derived liquid secretions such as **extra floral nectar** and **honeydew** from sap-feeding hemipterans. Known **queens** are winged, but *M. flavimembra* shows two kinds of queens that differ in overall size and in the shape of the **thorax**. This dimorphism may correspond to different strategies of dispersal: (1) expensive flying queens with a larger thorax that are specialized for independent colony foundation; and (2) cheaper, smaller, non-flying queens that do not disperse but function as secondary reproductives in their natal colonies.

Monomorium

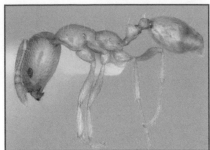

Monomorium bifidoclypeatum

Monomorium hanneli

Monomorium subopacum

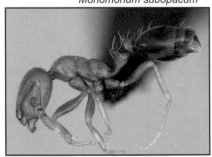

Monomorium xuthosoma

longs poils **érigés** des feuilles et des veines. *Monomorium* peut aussi nicher sous les pierres, parmi les racines de plantes, dans la litière de feuilles et de brindilles tombées au sol, sous les écailles de l'écorce des troncs d'arbres (vivants ou morts), ou encore dans du bois mort pourrissant (encore sur pied ou déjà au sol). La plupart des espèces sont des charognards généralistes et des prédateurs se nourrissant d'une grande variété de petits **arthropodes**. Certaines espèces récupèrent les sécrétions produites par les plantes ou par d'autres insectes comme le **nectar extra-floral** ou le **miellat** des hémiptères se nourrissant de sève. Les **reines** observées jusqu'ici sont **ailées**, quoique *M. flavimembra* possède deux types de reines qui diffèrent par la taille générale du corps et par la forme du **thorax**. Ce dimorphisme pourrait correspondre à deux stratégies de dispersion différentes : (1) les reines possédant un grand thorax donc plus chères à produire entreprennent des longs vols et se spécialisent dans la fondation de nouvelles colonies indépendantes ; (2) les reines non-volantes, de plus petite taille donc moins chère à produire, ne se dispersent pas mais fonctionnent comme des reproducteurs secondaires dans leurs colonies natales.

Mystrium
Amblyoponinae

Genre des régions tropicales de l'Ancien Monde
Espèces trouvées à Madagascar :
    endémiques - sept espèces
    Région malgache - trois espèces

Mystrium
Amblyoponinae

Genus: Tropical regions of the Old World
Species on Madagascar:
    endemic - seven species
    Malagasy Region - three species

Identification: *Mystrium* is characterized by very long, **apically** blunt, linear **mandibles** that are longer than the head and do not close tightly against the **clypeus**, the absence of an **peduncle** on the **petiole**, and the presence of **spatulate** or otherwise bizarre **setae** on the head and body. *Stigmatomma* is similar but the mandibles have a sharp apical tooth and mandibles are shorter than the head.

Distribution, life history, and ecology: *Mystrium* ants inhabit humid forests across Madagascar, where they nest in the ground or in and under rotten wood. **Queens** are winged in two species (M. *mysticum* and *M. rogeri*), and **ergatoid** in the other eight species. *Mystrium rogeri* colonies have a single **dealate** queen and an average of 94 **workers** (maximum recorded > 400 workers). New colonies are founded by a single queen and commonly contain all stages of brood and a few workers. In contrast, in species having ergatoid queens, new colonies begin through **fission** of existing colonies, thus queens are never alone. We have found at a single locality in the central east 24 complete colonies of *M. uberthueri*. These nests contained 10-100 female adults (average 40) with roughly equal numbers of workers and

Mystrium

Mystrium barrybressleri

Mystrium janovitzi

Mystrium mirror

Mystrium mysticum

Identification : *Mystrium* est caractérisé par des **mandibules** linéaires très longues (encore plus longues que la tête), émoussées dans leur partie **apicale**, qui ne se referment pas étroitement contre le **clypeus**. *Mystrium* est aussi caractérisé par l'absence de pédoncule sur le pétiole, par la présence de **setae spatulées** (ou de forme encore plus bizarre) sur la tête et sur le corps.

Mystrium et *Stigmatomma* sont similaires, sauf que *Stigmatomma* a des mandibules plus courtes que la tête et avec des dents apicales acérées.

Distribution, histoire naturelle et écologie : *Mystrium* habite les forêts humides de Madagascar et nichent au sol et à l'intérieur ou en-dessous de bois pourri. Les **reines** sont **ailées** chez deux espèces (*M. mysticum* et *M. rogeri*), **ergatoïdes** chez les huit espèces restantes. Les colonies de *Mystrium rogeri* sont typiquement composées d'une seule reine **désailée** et de 94 **ouvrières** en moyenne (nombre maximum observé : plus de 400 ouvrières). Les nouvelles colonies sont fondées par une seule reine et contiennent tous les stades du couvain ainsi que quelques ouvrières. Par contre, chez les espèces avec des reines ergatoïdes, les nouvelles colonies débutent à partir de la **fission** d'une colonie existante ; les reines ne sont donc jamais seules. Dans une localité du Centre-est, 24 colonies complètes de *M. oberthueri* ont été trouvées. Leurs nids contenaient 10 à 100 femelles adultes (la moyenne étant de 40) avec autant de **gynes** ergatoïdes que d'ouvrières, ainsi que

Figure 37. *Mystrium* se nourrit souvent de mille-pattes centipèdes beaucoup plus grands que les **ouvrières**. Montré ici est un fragment de Scolopendre trouvé à l'intérieur d'un nid de *Mystrium oberthueri*. Le mille-patte entier est estimé être trois fois plus long. (Cliché par C. Peeters.) / **Figure 37**. *Mystrium* often feed on centipedes much larger in size than their **workers**. Shown here is part of a *Scolopendra* centipede found inside a nest of *Mystrium oberthueri*. The complete centipede is estimated to be three times longer. (Photo by C. Peeters.)

ergatoid **gynes** (and up to 60 cocoons and 55 **larvae**). Both *M. oberthueri* and *M. voeltzkowi* have only a few mated ergatoid queens in each colony and these lay all the eggs, while virgin ergatoids behave as workers inside the nest (e.g. providing brood care). Only the workers have big mandibles and hunt outside (Figure 12). In *M. rogeri* and *M. goodmani*, workers vary enormously in body and mandible sizes, and only larger individuals hunt.

Mystrium are specialist predators on large centipedes. Hunting probably occurs during the night, consistent with the small eyes and undoubtedly poor vision of workers, although their techniques are not known. Nocturnal hunting explains the lack of direct observations; centipede pieces have been found in several nests (Figure

60 cocons et 55 **larves**. Les espèces *M. oberthueri* et *M. voeltzkowi* ont toutes les deux quelques reines ergatoïdes qui s'accouplent et qui pondent des œufs ; les ergatoïdes qui ne s'accouplent pas travaillent comme des ouvrières à l'intérieur du nid (par ex. elles s'occupent du couvain). Cependant, seules les ouvrières possèdent de grandes mandibules et chassent à l'extérieur du nid (Figure 12). Chez *M. rogeri* and *M. goodmani*, la taille des ouvrières et celle de leurs mandibules varient énormément, et seuls les individus de grande taille chassent.

Les *Mystrium* sont des prédateurs spécialisés, se nourrissant de grands mille-pattes centipèdes (= Chilopodes). La chasse se passe probablement la nuit, en accord avec les petits yeux des ouvrières ce qui implique une vision limitée. Par contre, leurs techniques de chasse sont mal connues. La chasse nocturne pourrait expliquer l'absence d'observations directes. Néanmoins, des morceaux de scolopendres ont été trouvés dans plusieurs nids (Figure 37). Etant donné la petite taille des ouvrières, une coopération est nécessaire pour la capture et le transport de ces grandes proies.

Nesomyrmex
Myrmicinae

Genre des régions néotropicale et afrotropicale, du Nord de l'Afrique et de Madagascar
Espèces trouvées à Madagascar :
    endémiques - 28 espèces
      Région malgache - trois espèces
      Afro-malgache - une espèce

37). Given the small size of workers, cooperation is needed to capture and retrieve such large prey.

Nesomyrmex
Myrmicinae

Genus: Neotropic, Afrotropic, northern Africa, and Malagasy.
Species on Madagascar:
    endemic - 28 species
      Malagasy Region - three species
      Afro-Malagasy - one species

Identification: *Nesomyrmex* on Madagascar have 12-segmented **antennae** that terminate in an **apical** club of three segments. The **mandible** typically has 3-5 teeth. The **clypeus** posteriorly is broadly inserted between the **frontal lobes**, and its anterior margin is without unpaired median **seta**. Eyes are present at about the mid-length of the **head capsule**. The first gastral **tergite** (A4) broadly overlaps the **sternite** on the ventral surface of the **gaster**. The *N. hafahafa* group has a pair of **dorsal** spines on the **pronotum**, **petiolar node**, and **propodeum**, and these species can be confused with *Terataner*. In *Terataner*, however, the posterior corners of the head are often **denticulate** and the metanotal groove is always conspicuously developed. In contrast, in *N. hafahafa* group, the posterior corners of the head are rounded and a metanotal depression is absent. *Nesomyrmex* may also be confused with *Tetramorium*, but the latter have antennae surrounded by the steep walls of the clypeus. Further, in *Nesomyrmex* the median portion of the clypeus forms an anteriorly projecting

Nesomyrmex

Nesomyrmex exiguus

Nesomyrmex hafahafa

Nesomyrmex reticulatus

Nesomyrmex sikorai

Identification : A Madagascar, *Nesomyrmex* possède des **antennes** à 12 segments se terminant par une massue **apicale** à trois segments. La **mandibule** porte typiquement trois à cinq dents. Le **clypeus** s'insère largement entre les **lobes frontaux** dans sa partie postérieure. Les bords antérieurs du clypeus ne possèdent pas de **seta** médiane impaire. Les yeux sont présents et se trouvent à la moitié de la **capsule céphalique.** Le premier **tergite gastral** (A4) chevauche largement le sternite sur la surface ventrale du **gaster**. Les membres du groupe de *N. hafahada* possèdent une paire d'épines **dorsales** sur le **pronotum**, sur le **nœud pétiolaire** et sur le **propodéum**. Par contre, chez *Teratener*, les coins postérieurs de la tête sont souvent **denticulés** tandis que le sillon métanotal est toujours très visiblement développé. En comparaison, chez les membres du groupe de *N. hafahada*, les coins postérieurs de la tête sont arrondis alors que le sillon métanotal est absent. *Nesomyrmex* peut aussi être confondu avec *Tetramorium* mais les antennes de ce dernier sont entourées par les bords abrupts du clypeus. De plus, chez *Nesomyrmex*, la portion médiane du clypeus forme un lobe (ou un tablier) qui s'avance vers l'avant, tout en épousant parfaitement la surface dorsale des mandibules et tout en chevauchant la partie **basale** de ces mandibules.

Distribution, histoire naturelle et écologie : *Nesomyrmex* se rencontre dans tout Madagascar. Il niche dans le sol, dans la litière de feuilles,

lobe or apron that fits tightly over the dorsal surfaces of the mandibles and distinctly overlaps the **basal** portion of the mandible.

Distribution, life history, and ecology: *Nesomyrmex* is found throughout Madagascar and nests in soil, leaf litter, rotten wood, and **arboreal micro-habitats** such as twigs, hollow stems, branches, and rot pockets. Nest collections range up to a few hundred **workers**. Some have very specialized associations with particular tree species. *Nesomyrmex cingulatus*, for example, is known from live stems of trees in the spiny bush. *Nesomyrmex minutus* is unique in nesting only in the stems of *Macphersonia gracilis* (Sapindaceae) and represents one of the few known **ant-plant mutualisms** on Madagascar. **Queens** are winged with similar body size to workers.

dans du bois pourri et dans d'autres **micro-habitats arboricoles** comme les brindilles, les tiges creuses, les branches et les cavités pourries. Un nid peut comprendre jusqu'à quelques centaines d'**ouvrières**. Les **reines** sont **ailées**, avec un corps de taille similaire à celui des ouvrières. Certaines espèces ont des associations spécialisées avec des espèces de plantes bien précises. Il est connu par exemple que *Nesomyrmex cingulatus* est associé aux troncs d'arbre vivants des fourrés épineux. De même, *N. minutus* se distingue par le fait qu'il niche uniquement dans les troncs de *Macphersonia gracilis* (Sapindaceae), formant ainsi un des quelques cas connus de **mutualisme fourmi-plante** à Madagascar.

Nylanderia
Formicinae

Genre cosmopolite
Espèces trouvées à Madagascar :
    endémiques - sept espèces (y compris les sous- espèces)
    Région malgache - une espèce
    introduites - trois espèces

Identification : *Nylanderia* possède des **antennes** à 12 segments et des fossettes antennaires qui sont proches du bord clypéal (séparé par une distance inférieure à la largeur **basale** du **scape**) ; les yeux sont situés légèrement à l'avant de la moitié de la tête ; les scapes ont toujours des **setae** saillantes. La mandibule est lisse et possède **six** (parfois sept) dents dont la troisième est de plus petite taille que la quatrième dent. L'orifice de la **glande métapleurale** est très visible.

Nylanderia
Formicinae

Genus: Cosmopolitan
Species on Madagascar:
    endemic - seven species (including subspecies)
    Malagasy Region - one species
    introduced - three species

Identification: *Nylanderia* have 12-segmented **antennae**, the sockets of which are close to the clypeal margin (separated by a distance less than the **basal** width of the **scape**), eyes are slightly anterior to the midline of the head, and the scapes always have projecting **setae**. The **mandible** is smooth and has six teeth (but sometimes seven), the third of which is reduced in size and smaller than the fourth. The **metapleural gland** orifice is conspicuous, and the **propodeal dorsum** always lacks setae. *Paratrechina* and *Paraparatrechina* are both similar to *Nylanderia* but the tooth count is five in *Paraparatrechina* and *Paratrechina* and six to seven in *Nylanderia*. In addition, the eyes of *Paratrechina* are slightly posterior to the midline of the head (anterior to midline in *Nylanderia*) and the surface of the mandibles has light longitudinal striations (smooth in *Nylanderia*). While *Paraparatrechina* has one pair of **erect** setae on the **propodeum**, there are no setae in *Nylanderia*.

Distribution, life history, and ecology: *Nylanderia* are distributed throughout Madagascar. Nests are constructed in the ground or among leaf litter, with some species nesting in rotten wood. In places where

Nylanderia

Nylanderia amblyops

Nylanderia gracilis

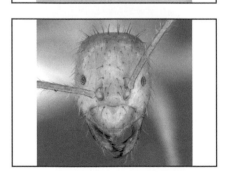

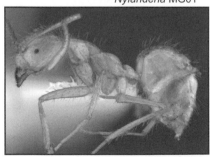

Nylanderia MG01

Nylanderia tsingyensis

Le **dorsum propodéal** ne présente jamais de setae.

Nylanderia est similaire à *Paratrechina* et à *Paraparatrechina* ; cependant, *Nylanderia* possède six à sept dents tandis que les deux autres genres en possèdent cinq. De plus, les yeux de *Paratrechina* sont situés légèrement à l'arrière de la moitié de la tête et la surface de la mandibule présente des stries fines longitudinales (alors que chez *Nylanderia*, les yeux sont plus en avant et les mandibules sont lisses). Chez *Paraparatrechina*, le **propodéum** porte une paire de setae **érigées** (alors que chez *Nylanderia*, il n'y a pas de setae).

Distribution, histoire naturelle et écologie : *Nylanderia* se rencontre dans tout Madagascar. Les nids sont construits dans le sol ou dans la litière végétale, bien que certaines espèces nichent dans du bois pourri. Dans les endroits fréquentés par *Nylanderia*, ils sont très abondants et très visibles. Dans les forêts de montagne autour de 1200 m d'altitude, *N. amblyops* peut être une des espèces les plus abondantes présentes. La recherche de nourriture se fait de manière très efficace. Ces fourmis trouvent rapidement les ressources existantes (par ex. les appâts) et les exploitent tout aussi rapidement.

Odontomachus
Ponerinae

Genre cosmopolite, surtout dans les régions tropicale et sub-tropicale
Espèces trouvées à Madagascar :
    endémique - une espèce
    Afro-malgache - une espèce

Nylanderia occur, they are abundant and conspicuous. In montane forest around 1200 m, *N. amblyops* can be one of the most abundant species. Foragers are efficient and often are the first to find resources (e.g. bait), which they rapidly exploit.

Odontomachus
Ponerinae

Genus: Cosmopolitan, mostly in tropical and subtropical regions
Species on Madagascar:
    endemic - one species
    Afro-Malagasy - one species

Identification: Like *Anochetus*, *Odontomachus* is notable for its remarkable trap jaw **mandibles** (Figure 38). Both genera have linear mandibles articulated very close together near the midpoint of the anterior margin of the head. The two are easily separated as in *Odontomachus* the **petiole** (A2) is **coniform** and always terminates in a single **dorsal** spine. In addition, with the back of the head viewed near the **pronotum**, *Odontomachus* has dark, inverted V-shaped **apophyseal lines** that converge to form a distinct, shallow groove on the top back of head. In *Anochetus*, the V-shaped apophyseal lines are absent. In the same region of the back of head, however, **nuchal carinae** in *Anochetus* form an uninterrupted, continuously curved ridge. *Anochetus* are generally smaller and **propodeal** teeth are usually present but absent in *Odontomachus*.

Distribution, life history, and ecology: *Odontomachus* is restricted to eastern forest zones.

Identification : Tout comme *Anochetus*, *Odontomachus* est d'abord remarquable par des **mandibules** pièges (Figure 38). Ces deux genres présentent des mandibules linéaires qui s'articulent ensemble à proximité du milieu du bord antérieur de la tête. Cependant, *Odontomachus* se distingue facilement d'*Anochetus* par les caractères suivants : le **pétiole** (A2) est **coniforme** et se termine toujours par une unique épine **dorsale** ; l'observation de l'arrière de la tête à partir du **pronotum** révèle les **lignes apophysaires** sombres, en forme de V et convergeant pour former un sillon peu profond mais bien distinct vers l'arrière du sommet de la tête. Chez *Anochetus*, il n'y a pas de ligne apophysaire en forme

Odontomachus coquereli occurs in wetter forest at higher **elevations**, while *O. troglodytes* favor drier, open forest, including disturbed **habitats**. *Odontomachus troglodytes* usually nests in rotten wood on the ground, where solitary hunters are active in the leaf litter, and a wide range of prey are brought to nests. *Odontomachus coquereli* nests in rotten wood, with colonies averaging 19 workers and a single **ergatoid queen**. This means queens disperse on foot together with nest mate **workers**, forming new colonies by **fission**. In contrast, *O. troglodytes* has winged queens and colonies are notably larger.

Odontomachus

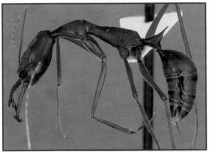

Odontomachus coquereli

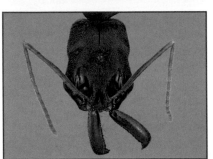

Odontomachus troglodytes

de V alors que dans la même région (arrière de la tête), la **carène nucale** forme une crête ininterrompue et continuellement incurvée. Par ailleurs, *Anochetus* présente souvent des dents **propodéales** (ce qui n'est pas le cas d'*Odontomachus*) et *Anochetus* est généralement de petite taille.

Distribution, histoire naturelle et écologie : *Odontomachus* est limité aux forêts de l'Est : *O. coquereli* se rencontre particulièrement dans les forêts plus humides aux altitudes plus élevées tandis que *O. troglodytes* préfère les forêts ouvertes plus sèches, y compris les **habitats** perturbés. *Odontomachus troglodytes* niche généralement dans du bois pourri sur le sol où des fourmis solitaires chassent activement dans la litière et ramènent au nid une grande variété de proies. Par contre, *Odontomachus coquereli* niche dans du bois pourri, au sein de colonie avec une seule **reine ergatoïde** et 19 **ouvrières** en moyenne. Les reines d'*O. coquereli* se dispersent à pied avec d'autres ouvrières du même nid pour former une nouvelle colonie par **fission**. Ce qui n'est pas le cas d'*O. troglodytes* dont les reines sont **ailées** et dont les colonies sont notablement plus grandes.

Ooceraea
Dorylinae

Genre des régions indomalaise et australasienne, y compris les îles Fidji ; genre introduit dans la Région malgache
Espèce trouvée à Madagascar :
 introduite - une espèce

Figure 38. Les fourmis avec des mandibules-pièges comme *Odontomachus coquereli* sont des prédateurs connus pour leurs attaques rapides. Les **reines** ailées d'*O. coquereli* ont été remplacées par des reines **ergatoïdes** sans ailes, une modification évolutive observée chez aucune autre espèce de ce genre. (Cliché par A. Wild.) / **Figure 38**. Trap-jaw ants like *Odontomachus coquereli* are best known for fast predatory strikes. Winged **queens** in *O. coquereli* have been replaced by wingless **ergatoid queens**, a practice followed by no other species in the genus. (Photo by A. Wild.)

Ooceraea
Dorylinae

Genus: Indomalaya and Australasia, including Fiji, introduced to Malagasy Region
Species on Madagascar:
 introduced - one species

Identification: *Ooceraea* is unique among Madagascar ants in having only nine **antennal segments**, but

Identification : *Ooceraea* est unique parmi les fourmis de Madagascar à cause de ses antennes à neuf **segments antennaires** ; quoique ces derniers soient difficiles à compter sur ces animaux minuscules. Mais *Ooceraea* peut aussi se distinguer par la combinaison des caractères suivants : des yeux extrêmement réduits (parfois seulement une ou deux **ommatidies** sont visibles) ; une **suture promésonotale** absente ; une **suture** latérale visible à la jonction du **pronotum** et du **mésosome** ; un **stigmate propodéal** localisé en bas sur le côté ; un premier segment du **gaster** (A3) très clairement différencié et formant un **post-pétiole** ; une sculpture **cuticulaire** grossière.

Distribution, histoire naturelle et écologie : Une seule espèce, *O. biroi,* est connue à Madagascar. Originalement décrite à Singapore, cette espèce **vagabonde** est maintenant très largement distribuée. Elle est très bien établie le long des zones côtières de basse **altitude** à Madagascar ; en particulier, dans les forêts et les **habitats** modifiés. Elle est collectée principalement dans

these are hard to count in such minute animals. *Ooceraea* can also be distinguished by the combination of highly reduced eyes (sometimes only one or two **ommatidia** are visible), the lack of a **promesonotal suture**, the presence of a lateral **suture** at the junction of the **pronotum** and **mesosoma**, a **propodeal spiracle** located low on the side, a conspicuously differentiated first gaster segment (A3) forming a **postpetiole**, and coarse **cuticular** sculpturing.

Distribution, life history, and ecology: A single species, *O. biroi*, is known from Madagascar. Originally described from Singapore, this **tramp** ant is now widely distributed. It is well established in coastal low **elevation** areas of Madagascar, specifically forest and modified **habitats**. It has been collected most often in sifted litter, under stones, under root mats on rocks, and occasionally on low vegetation.

Ooceraea biroi

la litière tamisée, sous les pierres, sous les tapis racinaires couvrant les rochers, et occasionnellement sur la végétation basse.

Paraparatrechina
Formicinae

Genre des régions tropicales de l'Ancien Monde
Espèces trouvées à Madagascar :
    endémiques - deux espèces
    Région malgache - une espèce

Identification : *Paraparatrechina* se distingue facilement des autres genres de Formicinae par l'unique structure des **setae** du **mésosome** : deux paires de setae **érigées** sur le **pronotum**, une paire sur le **mésonotum** et d'autres paires sur le **propodéum**. Les espèces de *Paraparatrechina* ont des **antennes** à 12 segments avec des **fossettes antennaires** qui sont proches du bord clypéal (séparées par une distance inférieure à la largeur **basale** du **scape**) ainsi qu'un scape ne possédant pas de setae saillantes. La **mandibule** possède cinq dents.
  Paraparatrechina se confond souvent avec *Nylanderia* mais ce dernier ne présente jamais de paire de setae érigées sur le propodéum. De plus, *Nylanderia* a six dents sur la mandibule. *Paraparatrechina* est aussi similaire à *Paratrechina* (les deux genres présentant cinq dents mandibulaires) ; mais *Paratrechina* a un propodéum sans poils dressés tandis que les pattes ont de nombreuse setae érigées. Chez *Paraparatrechina*, les **fémurs** et les **pattes** ne présentent pas de larges poils érigés.

Paraparatrechina
Formicinae

Genus: Tropical regions of the Old World
Species on Madagascar:
    endemic - two species
    Malagasy Region - one species

Identification: *Paraparatrechina* are usually easily distinguishable from other formicine genera by a unique **mesosomal** setal pattern: two pairs of **erect setae** on the **pronotum**, one pair located on the **mesonotum**, and the other pair on the **propodeum**. *Paraparatrechina* species have 12-segmented **antennae**, the sockets of which are close to the **clypeal** margin (separated by a distance less than the **basal** width of the **scape**), and the scape lacks projecting setae. The **mandible** has five teeth. *Nylanderia*, the genus most likely confused with *Paraparatrechina*, never possesses a pair of erect setae on the propodeum. *Nylanderia* also has six teeth on the mandible. *Paraparatrechina* is also similar to *Paratrechina* (both have five teeth) but in the latter, the propodeum lacks erect hairs, while the legs have numerous erect setae. In *Paraparatrechina*, the **femora** and legs lack large, erect hairs.

Distribution, life history, and ecology: Most collections of this genus are from leaf litter in eastern and Central Highland forests but also from western dry forests. Nests are constructed directly in the litter layer, or under stones, in and under twigs or larger pieces of rotten wood on the forest floor, or in hollow dead

Paraparatrechina

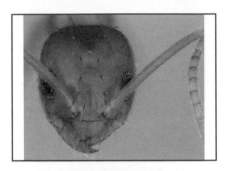

Paraparatrechina glabra

Paraparatrechina myops

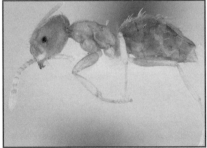

Paraparatrechina ocellatula

Distribution, histoire naturelle et écologie : Pour ce genre, la plupart des collectes proviennent de litières des forêts de l'Est et des Hautes Terres centrales mais également des forêts sèches de l'Ouest. Les nids sont directement construits dans la litière végétale, sous les pierres, à l'intérieur ou en-dessous de tiges ou twigs above ground. **Workers** may ascend trees to forage, and have been retrieved from the forest canopy, as well as from low vegetation.

de plus grosses pièces de bois pourri tombées au sol ou encore dans des brindilles mortes creuses au-dessus du sol. Les **ouvrières** peuvent grimper sur les arbres pour rechercher de la nourriture. Certaines ont ainsi été collectées dans la canopée forestière, ainsi que sur la végétation basse.

Parasyscia
Dorylinae

Genre des régions chaudes de l'Ancien Monde, mais absent d'Australie
Espèces trouvées à Madagascar :
endémiques - une espèce et trois **taxa** connus non encore décrits

Identification : Parmi les Dorylinae, seul *Parasyscia* est caractérisé par des yeux petits à moyenne taille et par un **segment antennaire apical** gonflé et bulbeux. Les **sutures promésonotale** et **promésopleurale** sont absentes. La **taille** est constituée d'un seul segment avec une surface **dorsale** qui s'arrondit vers les côtés. Le **stigmate propodéal** est situé plutôt en bas sur le côté ; les **lobes propodéaux** sont présents. Le métacoxa ne présente pas de **bourrelet cuticulaire** postéro-dorsal formant une **lamelle** verticale.

Distribution, histoire naturelle et écologie : Ce genre se trouve dans tout Madagascar, allant des végétations des côtes sableuses, des fourrés épineux, des forêts sèches, des forêts humides jusqu'aux forêts de montagne. Les micro-habitats utilisés par la plupart des espèces sont le dessous des bois pourris ou le dessous des pierres. Dans les habitats plus secs, les colonies

Parasyscia
Dorylinae

Genus: Warm regions of the Old World but absent from Australia.
Species on Madagascar:
endemic - one species and three known undescribed **taxa**

Identification: Among the dorylines, only *Parasyscia* has small to moderate eyes, and the **apical antennal segment** is swollen and bulbous. The **promesonotal** and **promesopleural sutures** are absent; the **waist** is of a single segment, the **dorsal** surface of which rounds into the sides. The **propodeal spiracle** is low on the side and **propodeal lobes** are present. The **metacoxa** does not have a posterodorsal **cuticular flange** that forms a vertical **lamella**.

Distribution, life history, and ecology: The genus is found throughout Madagascar from sandy coastal vegetation, spiny bush, dry forest, humid forest, and montane forest. The **micro-habitat** of most species is under rotten wood, or in the ground under stones. In drier **habitats**, colonies also nest in dead twigs on low vegetation.

Parasyscia

Parasyscia imerinensis

Parasyscia MG02

Parasyscia MG03

Paratrechina

Paratrechina ankarana

Paratrechina antsingy

Paratrechina longicornis

nichent dans les brindilles mortes de la végétation basse.

Paratrechina
Formicinae

Genre des régions tropicales de l'Ancien Monde, mais absent d'Australasie
Espèces trouvées à Madagascar :
   endémiques - deux espèces
   introduite - une espèce

Identification : Le diagnostic de *Paratrechina* inclut des **antennes** à 12 segments et des fossettes antennaires proches du bord **clypéal** (séparé par une distance inférieure à la largeur **basale** du **scape**), des scapes avec ou sans **setae** saillantes. La **mandibule** a cinq dents. L'orifice de la **glande métapleurale** est très visible. Le **dorsum propodéal** ne présente jamais de setae saillantes. Les yeux sont proéminents.

   Paratrechina se distingue de deux genres similaires - *Paraparatrechina* et *Nylanderia* – par l'absence de setae érigées sur le propodéum (setae présentes chez *Paraparatrechina*) et par les cinq dents mandibulaires (six ou sept chez *Nylanderia*).

Distribution, histoire naturelle et écologie : Parmi les trois espèces malgaches de ce genre, deux espèces sont limitées aux régions calcaires de l'Extrême Nord ; tandis que la troisième espèce - *P. longicornis* – est une des espèces les plus **vagabondes** dans le monde. En effet, *P. longicornis* est probablement issu de la région afrotropicale mais, plus tard, il s'est retrouvé presque partout

Paratrechina
Formicinae

Genus: Tropical regions of the Old World but absent from Australasia
Species on Madagascar:
   endemic - two species
   introduced - one species

Identification: *Paratrechina* have 12-segmented **antennae**, the sockets of which are close to the **clypeal** margin (separated by a distance less than the **basal** width of the **scape**), and the scapes may lack or possess projecting **setae**. The **mandible** has five teeth. The **metapleural gland** orifice is conspicuous, and the **propodeal dorsum** always lacks projecting setae. Eyes are conspicuous. *Paratrechina* can be distinguished from two similar genera, *Paraparatrechina* and *Nylanderia*, by the absence of **erect** setae on **propodeum** (present in *Paraparatrechina*) and number of mandibular teeth (6-7 in *Nylanderia*).

Distribution, life history, and ecology: Of the three Malagasy species in this genus, two are restricted to the extreme northern limestone region, while the third, *P. longicornis*, is one of the world's most successful **tramp** species, possibly originating from the **Afrotropical** Region. The latter may be found almost anywhere on Madagascar, and is frequently encountered in tree plantations, in gardens, in houses, or anywhere food is available. It seems equally at home in wet and dry **habitats**.

à Madagascar, le plus fréquemment dans les plantations d'arbres, dans les jardins, dans les maisons, partout où de la nourriture pourrait être disponible. Cette espèce est tout aussi à l'aise dans les **habitats** humides que dans les habitats secs.

Parvaponera
Ponerinae

Genre des régions tropicale et subtropicale de l'Ancien Monde
Espèce trouvée à Madagascar :
    endémique - une espèce

Identification : Parmi les Ponerinae, *Parvaponera* est reconnaissable par ses **mandibules** courtes avec une dentition distincte mais sans dépression ni sillon à la base, des petits yeux avec deux à quatre **facettes**, un **sillon métanotal**, un **nœud pétiolaire** élevé mais étroit,, un **processus sub-pétiolaire** triangulaire avec une **fenestra** antérieure, de petits **lobes frontaux**,, la présence de deux **éperons** sur le **métatibia**,, l'**helcium** localisé à la base de la face antérieure du premier segment du **gaster** (A3), et de simples **griffes prétarsales**

Parvaponera
Ponerinae

Genus: Tropical and subtropical regions of the Old World
Species on Madagascar:
    endemic - one subspecies

Identification: Among the ponerines, *Parvaponera* is recognized by its short **mandibles** with distinct dentition and without a pit or groove at the base, small eyes (2-4 **facets**), **metanotal groove**, a high and narrow **petiolar node**, **subpetiolar process** triangular and with an anterior **fenestra**, small **frontal lobes**, the presence of two **spurs** on the **metatibia**, location of the **helcium** at the base of the anterior face of the first **gastral segment** (A3), and simple **pretarsal claws** on the **metatarsus**. *Parvaponera* are dull brick red to dark brown in color. While superficially similar to *Hypoponera* and *Ponera* in **morphology** and often in color, *Parvaponera* has a pair of spurs present on the metatibia while only a single spur is present in *Hypoponera* and *Ponera*.

Parvaponera

Parvaponera darwinii madecassa

sur le **métatarse**. La couleur de *Parvaponera* va du rouge brique terne au marron foncé.

Bien que légèrement similaire à *Hypoponera* et *Ponera* de par sa morphologie et sa couleur, *Parvaponera* s'en distingue par une paire d'éperons sur le métatibia (alors que *Hypoponera* et *Ponera* ne présentent qu'un seul éperon).

Distribution, histoire naturelle et écologie : *Parvaponera* est connu dans des sites épars des forêts sèches et des fourrés épineux du Sud-ouest mais également dans des zones côtières du Nord. Notre connaissance de la distribution de ce genre vient principalement de la capture de reines volantes avec des **lumières noires (UV)** et des **pièges Malaise**. Les mâles n'ont jamais été capturés. Les seules collectes d'**ouvrières** proviennent d'excavations dans le sol à Nosy Faly, dans le Nord-est de Madagascar.

Pheidole
Myrmicinae

Genre cosmopolite
Espèces trouvées à Madagascar :
endémiques - 17 espèces (y compris les sous-espèces) et plus de 100 **taxa** connus non encore décrits
Région malgache - quatre espèces
Afro-malgache - une espèce
introduites - trois espèces

Identification : *Pheidole* possède des **antennes** à 12 segments dont les trois derniers forment une massue clairement définie. Les

Distribution, life history, and ecology: *Parvaponera* is known from scattered sites across the dry forest and spiny bush in the southwest but also from coastal areas in the north. Our knowledge of its distribution stems largely from records of flying **queens** collected at **black lights** and **Malaise traps**. Males have never been collected. The only **worker** collections are from soil excavation on Nosy Faly in the northeast.

Pheidole
Myrmicinae

Genus: Cosmopolitan
Species on Madagascar:
endemic - 17 species (including subspecies) and > 100 known undescribed **taxa**
Malagasy Region - four species
Afro-Malagasy - one species
introduced - three species

Identification: *Pheidole* has 12-segmented **antennae** that terminate in a strongly defined club of three segments. The **worker** and **soldier castes** are strikingly different, with soldiers having a very large head. Species in the *lucida*-group lack soldiers. In this genus, the **clypeus** is large, and is broadly inserted posteriorly between the **frontal lobes**. One or more **hypostomal teeth** are usually present on the posterior margin of the **buccal cavity**. In soldiers, there is nearly always a pair of teeth medially, while workers only have lateral teeth visible in some species. The **pronotum**, and usually the anterior **mesonotum**, is swollen and convex in profile, usually dome-like; behind this

castes des **ouvrières** et des **soldats** sont hautement dissemblables, les soldats ayant une très grande tête. Les espèces du groupe *lucida* ne possèdent cependant pas de soldats. Dans le genre *Pheidole*, le clypeus est évasé et s'insère largement dans sa partie postérieure entre les **lobes frontaux**. En général, une ou plusieurs des **dents de l'hypostoma** sont présentes sur le bord postérieur de la **cavité buccale**. Chez les soldats, il y a aussi presque toujours une paire de dents médianes (alors que chez les ouvrières de certaines espèces, seules des dents latérales sont visibles). Le **pronotum** (et souvent aussi la partie antérieur du **mésonotum**) est renflé et convexe en vue de profil, ressemblant alors à un dôme derrière lequel le mésonotum s'incline abruptement vers le **sillon métanotal**. Mais le mésonotum peut aussi former une deuxième forme convexe avant de s'incliner vers le sillon métanotal. Le premier **tergite** du **gaster** (tergite de A4) chevauche largement le **sternite** du **gaster ventral**.

Pheidole ressemble un peu au genre *Carebara* quant à la présence de soldats. Ces deux genres diffèrent par le nombre de **segments antennaires** : 12 chez *Pheidole* mais 9 à 11 chez *Carebara*. Certaines des espèces de *Pheidole* avec des ouvrières à long cou et à collier peuvent ressembler à *Aphaenogaster* mais s'en distinguent par la forme de la **massue antennaire** : à trois segments chez *Pheidole* mais à quatre segments chez *Aphaenogaster*.

Distribution, histoire naturelle et écologie : Ce genre est largement réparti et abondant. Il est l'un des genres les plus riches en espèces à

the mesonotum slopes steeply to the **metanotal groove**, or the mesonotum may form a second convexity before sloping to the metanotal groove. The first gastral **tergite** (tergite of A4) broadly overlaps the **sternite** on the **ventral gaster**. *Pheidole* is superficially similar to members of the genus *Carebara* with regards to the presence of soldiers, but these genera differ in the number of **antennal segments** (12 in *Pheidole*, 9-11 in *Carebara*). Some *Pheidole* species with long-necked and collared workers may resemble *Aphaenogaster*, but can be distinguished by the shape of the **antennal club** (three segments in *Pheidole* and four in *Aphaenogaster*).

Distribution, life history, and ecology: This genus is widespread and abundant and is one of the five most species-rich genera on the island. They occur in all vegetation zones, from spiny bush to humid forest. Many species nest in the ground, either beneath stones or rotten wood, or among the roots of plants, while others nest in rotten wood on the ground, and some may be found beneath the bark of standing trees, or in rotten holes in trunks. A number of tiny species are characteristic of the leaf litter and topsoil, where they may be numerous. At least one species is **subterranean**.

Foragers are active on the ground or underground to hunt or scavenge. In some species, they climb trees from ground-based nests, sometimes in large numbers, to feed on plant- and insect-derived liquid secretions such as **extra floral nectar** and **honeydew** from sap-feeding hemipterans in the canopy. *Pheidole longispinosa*

Pheidole

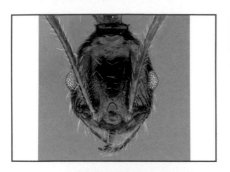

Pheidole bessonii minor

Pheidole bessonii major

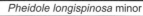

Pheidole longispinosa minor

Pheidole longispinosa major

Madagascar. Il se rencontre dans tous les types de végétation : des fourrés épineux aux forêts humides. De nombreuses espèces nichent au sol, soit sous les pierres et les bois pourri, soit parmi les racines des plantes. D'autres espèces nichent dans du bois pourri tombé au sol. D'autres encore peuvent se trouver sous l'écorce des arbres sur pied ou dans les trous pourris des troncs d'arbre. Un certain nombre d'espèces de taille minuscule sont caractéristiques de la litière et de la couche superficielle du sol où elles s'observent alors en abondance. Au moins une espèce est **souterraine**.

La recherche de nourriture se fait activement au sol ou sous le sol, afin de chasser ou de s'alimenter sur les débris (charognards). Chez certaines espèces, les fourmis grimpent aux arbres, parfois en très grand nombre, afin de se nourrir des sécrétions produites par les plantes ou par d'autres insectes, comme le **nectar extra-floral** ou le **miellat** des hémiptères se nourrissant de sève dans la canopée. *Pheidole longispinosa* est une espèce qui domine écologiquement les forêts humides où elle chasse d'autres insectes (y compris diverse espèces de fourmis). Chaque colonie produit quelques **soldats** qui s'activent en dehors du nid quand les **ouvrières** luttent contre des proies de grande taille. Ces soldats attaquent directement les ennemis en leur broyant la tête ou l'abdomen avant de laisser les ouvrières récupérer les corps.

is ecologically dominant throughout humid forests where it predates other insects, including various species of ants. Each colony produces a few soldiers, and these become active outside the nest whenever **workers** struggle with large prey. Soldiers engage enemies directly, crushing their head capsules or **abdomens**, and leave the bodies to be retrieved by workers.

Pilotrochus
Myrmicinae

Genus: Endemic, known only from Madagascar
Species on Madagascar:
    endemic - one species

Identification: Among the Malagasy myrmicines, only *Pilotrochus* combines an eight-segmented **antenna** that terminates in a strong two-segmented club with deep **antennal scrobes**. The **mandible** has unique dentition: seven main teeth, which increase in size from apex to base, so that the **basal** tooth is the largest. A large **mesopleural gland** that takes the form of a roughly circular impression or pit is filled with centrally directed, fine, pale hairs. The **waist** segments lack **spongiform tissue**, and the **propodeum** is unarmed. *Pilotrochus* may be confused with some species of *Strumigenys*, but the combination of eight-segmented antennae and a lack of spongiform tissue on the waist segments, together with its unique dentition, are immediately **diagnostic**.

Pilotrochus
Myrmicinae

Genre endémique, connu seulement à
Madagascar
Espèce trouvée à Madagascar :
    endémique - une espèce

Identification : Parmi les Myrmicinae
malgaches, seul *Pilotrochus* présente
des **antennes** à huit segments dont
les deux derniers forment une forte
massue avec des **sillons antennaires**
profonds. La mandibule présente
une dentition spécifique : sept dents
principales qui augmentent de taille en
allant de l'apex vers la base (de sorte
que la dent **basale** est la plus grande).
La large glande **mésopleurale** qui
ressemble à une impression ou à une
dépression grossièrement circulaire
est remplie de poils fins, pâles, orientés
vers le centre. Le **propodéum** est non-
armé. Les segments de la **taille** ne
possèdent pas de tissu **spongiforme**.
    Pilotrochus peut se confondre avec
certaines espèces de *Strumigenys* ;
mais la combinaison des antennes à
huit segments et l'absence de tissu
spongiforme sur les segments de la
taille, ainsi que la dentition spécifique

**Distribution, life history, and
ecology:** *Pilotrochus* is represented by
a single species, *P. besmerus*, found
in a narrow band of forest along the
eastern escarpment, most commonly
between 800-1200 m. The species
nests in leaf litter. Nests are extremely
difficult to locate; few **myrmecologists**
have been lucky enough to see
Pilotrochus alive.

Pilotrochus

Pilotrochus besmerus

permettent un **diagnostic** immédiat.
**Distribution, histoire naturelle et
écologie :** *Pilotrochus* est représenté
par une espèce unique - *P. besmerus*
– qui se trouve dans une bande étroite
de forêts le long des escarpements
de l'Est, surtout entre 800 et 1200 m
d'altitude. L'espèce niche dans la litière
végétale. Les nids sont extrêmement
difficiles à localiser et très peu de
myrmécologues ont eu la chance de
voir des *Pilotrochus* vivants.

Plagiolepis
Formicinae

Genre répandu dans l'Ancien Monde
Espèces trouvées à Madagascar :
    endémiques - huit **taxa** connus
    non encore décrits
    Région malgache - une espèce
    introduite - une espèce

Identification : *Plagiolepis* est
caractérisé par des **antennes** à 11
segments ; par un métanotum se
présentant comme un sclérite séparé
sur le **mésosome dorsal** (qui est
clairement démarqué par des sutures
très visibles juste avant et après) ; par
un **propodéum** et un **pétiole** sans
dents ni épines.
    Plagiolepis peut se confondre avec
Lepisiota, sauf que chez ce dernier,
le propodéum est toujours armé
d'une paire d'épines, de dents ou de
tubercules alors que chez *Plagiolepis*,
le propodéum est simplement arrondi.
**Distribution, histoire naturelle et
écologie :** Les espèces de *Plagiolepis*
se rencontrent dans tout Madagascar.
Les **ouvrières** sont minuscules, ce
qui leur permet d'utiliser une grande
diversité de sites de nidification.

Plagiolepis
Formicinae

Genus: Widespread in Old World
Species on Madagascar:
    endemic - eight known
    undescribed **taxa**
    Malagasy Region - one species
    introduced - one species

Identification: *Plagiolepis* is
characterized by its 11-segmented
antennae, the **metanotum** as a
separate **sclerite** on the **dorsal
mesosoma** (demarcated by
conspicuous **sutures** in front of
and behind it), and the **propodeum**
and **petiole** lacking teeth or spines.
Plagiolepis can be confused with
Lepisiota but in the latter, the
propodeum is always armed with a pair
of spines, teeth, or **tubercles**, while in
Plagiolepis the propodeum is rounded.

**Distribution, life history, and
ecology:** Species of *Plagiolepis* occur
throughout Madagascar. The **workers**
are minute, allowing them to use a
great **diversity** of nesting sites. Some
species are **arboreal**, nesting and
foraging in tree canopies and trunks.
Others nest in the soil or in rotten
twigs on the ground. Ground-dwelling
species can forage on low vegetation.

Plagiolepis

Plagiolepis MG01

Plagiolepis MG04

Plagiolepis MG05

Plagiolepis MG06

Certaines espèces sont **arboricoles**, nichant et s'alimentant dans la canopée des arbres et dans les troncs. D'autres espèces nichent dans le sol ou dans des brindilles pourries tombées au sol. Les espèces vivant au sol peuvent cependant s'alimenter sur la végétation basse.

Platythyrea
Ponerinae

Genre cosmopolite, surtout dans les régions tropicales et sub-tropicales
Espèces trouvées à Madagascar :
   endémiques - une espèce et quatre **taxa** connus non encore décrits
   Région malgache - deux espèces

Identification : Parmi les Ponerinae, *Platythyrea* est facilement reconnaissable par ses **lobes frontaux** et **insertions antennaires** largement séparés, la **sculpture pruineuse** de la tête et du corps, la présence de deux **éperons pectinés** sur le **métatibia** et les **griffes tarsale** pourvues de dents. La place de l'**helcium** est tout aussi unique parmi les Ponerinae de Madagascar : l'helcium est, en effet, situé à mi-hauteur sur la face antérieure du premier segment du **gaster** (A3). Il n'y a pas de **prora** à la base de ce premier segment du gaster.
   La sculpture pruineuse, qui est caractéristique chez *Platythyrea*, est rare chez les fourmis. Elle s'observe uniquement chez *Probolomyrmex*, chez *Discothyrea* et chez quelques espèces de *Leptogonys*

Platythyrea
Ponerinae

Genus: Cosmopolitan, mostly in tropical and subtropical regions
Species on Madagascar:
   endemic - one species and four known undescribed **taxa**
   Malagasy Region - two species

Identification: Among the ponerines, *Platythyrea* is easily recognized by the widely separated **frontal lobes** and **antennal insertions**, the **pruinose sculpture** on head and body, presence of two **pectinate spurs** on the **metatibia**, and toothed tarsal claw. The placement of the **helcium** is unique among ponerines on Madagascar and is at about mid-height on the anterior face of the first **gastral segment** (A3). There is no **prora** at the base of the first gastral segment (A3). The pruinose sculpture characteristic of *Platythyrea* is rare in ants and present only in *Probolomyrmex*, *Discothyrea*, and some *Leptogenys* species.

Distribution, life history, and ecology: *Platythyrea* is widely present on Madagascar at lower **elevations** and absent from the Central Highlands. **Workers** forage alone and are generalized predators. Species nest in rotten holes in trunks and branches, or in hollow twigs, but also in fallen wood, leaf litter, the soil, or under stones. *Platythyrea mocquerysi* favors ground sites such as rotten wood and soil and aggressively stings nest intruders, including **ant collectors**.

Platythyrea

Platythyrea arthuri

Platythyrea bicuspis

Platythyrea MG03

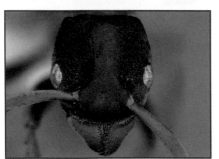

Platythyrea mocquerysi

Distribution, histoire naturelle et écologie : *Platythyrea* est absent des Hautes Terres centrales mais largement répandu dans les zones de basse **altitude** de Madagascar. Les **ouvrières**, qui sont des prédateurs généralistes, cherchent la nourriture en solitaire. Les espèces nichent dans les trous pourris des branches et des troncs, dans les brindilles creuses ainsi que dans le bois tombé au sol, dans la litière de feuilles, dans le sol ou sous les pierres. *Platythyrea mocquerysi* préfère nicher au sol (dans le sol ou dans du bois pourri) et pique agressivement tout intrus, y compris les **collecteurs de fourmis**.

Ponera
Ponerinae

Genre des régions néarctique, paléarctique, indomalaise et australasienne mais introduit dans la Région malgache
Espèces trouvées à Madagascar :
   introduites - deux espèces

Identification : Parmi les Ponerinae, seul *Ponera* se distingue par l'ensemble des caractères suivant : un

Ponera
Ponerinae

Genus: Nearctic, Palearctic, Indomalaya, and Australasia, introduced to Malagasy Region
Species on Madagascar:
   introduced - two species

Identification: Among the ponerines, only *Ponera* is characterized by a combination of the following: a single **spur** on the **metatibia**, an anterior translucent **fenestra** in the **subpetiolar process**, and the posteroventral angles of the subpetiolar process, which always project posteriorly as a pair of small teeth. The **helcium** is located at the base of the anterior face of the first **gastral segment** (A3), the **mandible** does not have a **basal** pit, and also lacks a basal groove. *Ponera* are superficially similar to *Hypoponera*, but *Ponera* differ in having paired posterior teeth on the subpetiolar process. *Euponera* is also similar but differ in having two **spurs** on the metatibia (*Ponera* has one spur).

Ponera

Ponera swezeyi

éperon unique sur le **métatibia**, une **fenestra** dans la partie antérieure du **processus sub-pétiolaire**, dont les angles postéro-ventraux se projettent toujours vers l'arrière, comme une paire de petites dents. L'**helcium** est localisé à la base de la face antérieure du premier segment du **gaster** (A3). La mandibule ne présente ni dépression basale ni sillon basal.

Ponera ressemble légèrement à *Hypoponera*, sauf que *Ponera* s'en distingue par la paire de dents dans la partie postérieure du processus sub-pétiolaire. *Euponera* est aussi relativement similaire, sauf qu'*Euponera* présente deux éperons sur le métatibia (*Ponera* n'en présentant qu'un seul).

Distribution, histoire naturelle et écologie : *Ponera* est le plus communément rencontré dans les **habitats** côtiers perturbés mais il est aussi présent dans les forêts du Nord et de l'Est de Madagascar, avec quelques observations sur les Hautes Terres centrales. *Ponera* est parmi les plus petites des fourmis Ponerinae de Madagascar (parmi les Ponerinae, sa taille réduite n'est égalée que par celle des petites *Hypoponera*). *Ponera* est très bien adapté à un mode de vie **souterrain**. D'ailleurs, il est typiquement collecté dans la litière, dans le bois pourri et dans le sol. Les colonies sont petites (moins de 50 **ouvrières**). Il est avancé que *Ponera* est un prédateur se nourrissant de petits insectes.

Distribution, life history, and ecology: *Ponera* is distributed in northern and eastern forests with a few records from the Central Highlands, and most commonly occur in disturbed coastal **habitats**. *Ponera* are among the smallest of all ponerines on Madagascar (within ponerines, their diminutive size is matched only by the smallest *Hypoponera*) and are well adapted to a **subterranean** lifestyle. *Ponera* is typically collected in leaf litter, rotten wood, and soil. Nests are small (< 50 **workers**). *Ponera* is thought to be a predator of small insects.

Prionopelta
Amblyoponinae

Genus: Tropical and subtropical regions of the world
Species on Madagascar:
      endemic - six species

Identification: Among the amblyoponines, only *Prionopelta* is characterized by the possession of narrowly triangular **mandibles** that have only three teeth (median tooth is the smallest), which close tightly against the **clypeus**. The shape of the mandible readily distinguishes *Prionopelta* from other amblyoponines. *Stigmatomma*, *Mystrium*, and *Xymmer* have long and linear mandibles, while *Adetomyrma* has short, blade-shaped mandibles. In contrast, the mandibles of *Prionopelta* are short and triangular.

Prionopelta

Prionopelta descarpentriesi

Prionopelta laurae

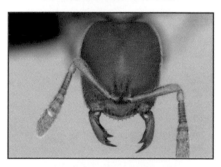

Prionopelta subtilis

Prionopelta vampira

Prionopelta
Amblyoponinae

Genre des régions tropicale et sub-tropicale du monde
Espèces trouvées à Madagascar :
    endémiques - six espèces

Identification : Parmi les Amblyoponinae, seul *Prionopelta* est caractérisé par des **mandibules** étroites et triangulaires pourvues de seulement trois dents (la dent médiane étant la plus petite) et se refermant étroitement contre le **clypeus**.
    Cette forme des mandibules distingue clairement *Prionopelta* des autres Amblyoponinae puisque *Stigmatomma*, *Mystrium* et *Xymmer* ont tous des mandibules longues et linéaires tandis qu'*Adetomyrma* a des mandibules courtes, en forme de lames (les mandibules de *Prionopelta* sont au contraire courtes et triangulaires).

Distribution, histoire naturelle et écologie : Ce genre se rencontre dans toutes les zones forestières de Madagascar ; le plus souvent dans la litière végétale et dans les échantillons de sol mais également dans du bois pourri. *Prionopelta* peut chasser les Diploures ou autres **arthropodes** actifs dans la litière et dans le sol humide. A l'Est de Madagascar, *Prionopelta* peut se rencontrer en grande abondance. Les **reines** sont **ailées** et les colonies consistent en moins de 100 **ouvrières**.

Distribution, life history, and ecology: This genus occurs throughout forested areas on Madagascar. It is most often found in leaf litter and soil samples, but also in rotten wood. Foragers may hunt diplurans or other **arthropods** active in leaf litter and moist soil. In eastern Madagascar, *Prionopelta* may be locally very abundant. **Queens** are winged and colonies consist of fewer than 100 **workers**.

Probolomyrmex
Proceratiinae

Genus: Tropical and subtropical regions of the world
Species on Madagascar:
    endemic - three species

Identification: Among the proceratiines, *Probolomyrmex* do not have a strongly arched **tergite** of A4 (second **gastral tergite**), as in *Discothyrea* and *Proceratium*; the tip of the **gaster** is directed posteriorly. **Mandibles** have 6-8 small teeth and are overhung by a projecting shelf that bears the **antennal sockets**. The antennal sockets are located very close to the anterior margin of the shelf, and the **frontal carinae** are fused into a single median plate between the sockets. Eyes are absent, and the **antennae** have 12 segments.

Probolomyrmex

Probolomyrmex curculiformis

Probolomyrmex tani

Probolomyrmex zahamena

Probolomyrmex
Proceratiinae

Genre des régions tropicale et sub-
tropicale du monde
Espèces trouvées à Madagascar :
   endémiques - trois espèces

Identification : Parmi les
Proceratiinae, *Probolomyrmex* ne

**Distribution, life history, and
ecology:** Members of this species-
poor genus are **hypogaeic** ants that
occur at lower **elevations** across
the island. **Workers** are minute and
blind, consistent with a **subterranean**
lifestyle. Specimens are most
commonly collected from leaf litter,
but nests are known from pieces of

présente pas de second **tergite** du **gaster** (tergite de A4) fortement arqué, comme c'est le cas pour *Discothyrea* et *Proceratium* ; la pointe de son gaster est dirigée vers l'arrière. Les **mandibules** de *Probolomyrmex* présentent six à huit petites dents. Ces mandibules sont surplombées par un rebord saillant qui porte à proximité de son bord antérieur les **fossettes antennaires**. Les **carènes frontales** sont soudées en une plaque médiane unique entre les sillons antennaires. Les yeux sont absents. Les **antennes** ont 12 segments.

Distribution, histoire naturelle et écologie : Les quelques espèces de ce genre sont **hypogéique** et se rencontrent dans les zones de faible **altitude** à travers toute l'île. Les **ouvrières** sont minuscules et aveugles, en accord avec leur mode de vie **souterrain**. Les spécimens sont le plus souvent collectés dans la litière de feuilles, bien que les nids aient aussi été trouvés dans des morceaux de bois pourris de la litière ou en-dessous des pierres. Ces fourmis se déplacent très rapidement, ce qui fait qu'elles s'observent difficilement et sont encore capturé plus rarement. Les colonies sont petites (autour de 20 ouvrières). Leurs proies préférées sont inconnues ; bien que que les espèces asiatiques sont connues être spécialisées dans la chasse aux mille-pattes polyxénides.

rotten wood in the litter layer and from under stones. These ants are rarely encountered and very fast, making them difficult to observe and catch. Colonies are small (around 20 workers). Prey preference is unknown, but some Asian species are specialized predators of polyxenid millipedes.

Proceratium
Proceratiinae

Genus: Cosmopolitan
Species on Madagascar:
    endemic - two species and 12 known undescribed **taxa**

Identification: *Proceratium* have the second **gastral tergite** (A4) enlarged, arched, and strongly curved so that the remaining segments point forward. The **antennae** always have 12 segments, and the **apical** segment is moderately enlarged but never bulbous. The **antennal sockets** may be very close to the anterior margin of the head, but no flat shelf is developed over the **mandibles**. The **clypeus** is often broad, convex, protruding anteriorly, and slightly overhanging the mandibles. The mandibles have more than three teeth or **denticles**. Eyes are usually present. *Proceratium* is larger than *Discothyrea* and the two genera can be further distinguished by *Discothyrea* having an enormously swollen apical **antennal segment**.

Proceratium

Proceratium diplopyx

Proceratium betampona

Proceratium google

Proceratium lobatum

Proceratium
Proceratiinae

Genre cosmopolite
Espèces trouvées à Madagascar :
    endémiques - deux espèces et 12
    taxa connus non encore décrits

Identification : Pour *Proceratium*, le second **tergite** du **gaster** (A4) est élargi, arqué et fortement arrondi, de sorte que le reste des segments pointent vers l'avant. Les **antennes** ont toujours 12 segments, avec le segment **apical** moyennement élargi mais jamais bulbeux. Les **fossettes antennaires** peuvent se trouver très proches du bord antérieur de la tête ; néanmoins, aucun rebord plat ne s'observe au-dessus des **mandibules**. Le **clypeus** est souvent élargi, convexe, s'avançant vers l'avant et se suspendant légèrement au-dessus des mandibules. Ces dernières ont plus de trois dents ou **denticules**. Les yeux sont généralement présents.
    Proceratium est de plus grande taille que *Discothyrea*. De plus, *Discothyrea* se distingue de *Proceratium* par le **segment antennaire** apical qui est extrêmement enflé.

Distribution, histoire naturelle et écologie : A Madagascar, le genre se rencontre principalement dans les forêts : il est absent des fourrés épineux du Sud-ouest. Les **ouvrières** se trouvent généralement dans la litière où certaines espèces établissent leurs nids. La plupart des nids se trouvent cependant dans le sol, sous les pierres ou dans du bois tombé au sol. Sur d'autres continents, on a observé parmi les proies de *Proceratium* des

Distribution, life history, and ecology: On Madagascar, the genus is found mainly in forest and is absent from the spiny bush of the southwest. **Workers** are usually encountered in leaf litter, where some species may also nest, but most nest sites are in the ground, under stones, or in fallen wood. Prey recorded on other continents includes eggs from **arthropods** such as spiders and centipedes. Several different kinds of eggs were found inside nests in Madagascar. Most species have winged **queens**, but queens are **ergatoid** in at least two species, with a single queen per colony and an average of 128 workers (n = 8 colonies) and 175 workers (n = 7 colonies), respectively.

Ravavy
Dolichoderinae

Genus: Endemic, known only from Madagascar
Species on Madagascar:
    endemic - one species and one
    known undescribed **taxon**

Identification: The **workers** of *Ravavy* closely resembles that of *Tapinoma*, but are separated from *Tapinoma* and all other Malagasy genera by the presence of a transverse crest on the **propodeum**. In addition, the **mandible** has a distinctly enlarged **denticle** at the junction of the **basal** and **masticatory margins**.
Distribution, life history, and

Ravavy

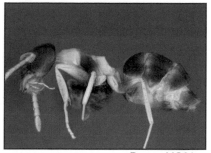

Ravavy MG01

Ravavy miafina

œufs d'arthropodes, comme ceux des araignées et des milles-pattes centipèdes (= Chilopodes). Différents types d'œufs ont été trouvés à l'intérieur des nids à Madagascar. La plupart des espèces ont des **reines ailées**. Cependant, chez deux espèces, les reines sont **ergatoïdes** avec une seule reine pour, en moyenne, 128 ouvrières (observations sur huit colonies) et pour 175 ouvrières (observations sur sept colonies), respectivement.

ecology: *Ravavy* is distributed in forests of northern, western, and central Madagascar, but absent from the driest regions. *Ravavy* nests and forages in soil, leaf litter, and rotten wood.

Royidris

Ravavy
Dolichoderinae

Genre endémique, connu seulement à Madagascar
Espèces trouvées à Madagascar :
  endémiques - une espèce et un **taxon** connu non encore décrit

Identification : Les **ouvrières** de *Ravavy* ressemblent beaucoup à celles de *Tapinoma* mais se distinguent de *Tapinoma* et des autres genres malgaches par la présence d'une crête transversale sur le **propodéum**. De plus, la **mandibule** présente un **denticule** clairement élargi, à la jonction des **bordures masticatrice** et **basale.**

Distribution, histoire naturelle et écologie : *Ravavy* se rencontre dans les forêts du Nord, de l'Ouest et du Centre de Madagascar. Il est par contre absent dans les régions plus sèches. *Ravavy* niche et recherche sa nourriture dans le sol, dans la litière végétale et dans le bois pourri.

Royidris
Myrmicinae

Genre endémique, connu seulement à Madagascar
Espèces trouvées à Madagascar :
endémiques - 15 espèces

Identification : *Royidris* a des **antennes** à 12 segments dont les trois ou quatre segments **apicaux** forment la **massue antennaire**. Les **carènes frontales** se limitent aux **lobes frontaux**. Les **sillons antennaires** sont absents. La mandibule possède cinq dents bien distinctes. Au milieu du bord antérieur du **clypeus** se trouve une **seta** épaisse et unique. Le **propodéum** est non-armé. Le **stigmate pétiolaire** est situé à proximité de la moitié du **pédoncule**. Le premier **tergite** du **gaster** (tergite de A4) ne chevauche pas le **sternite** sur la face **ventrale.**

Myrmicinae

Genus: Endemic, known only from Madagascar
Species on Madagascar:
endemic - 15 species

Identification: *Royidris* has 12-segmented **antennae** that terminate in a club of three or four segments. **Frontal carinae** are restricted to the **frontal lobes**, and **antennal scrobes** are absent. The **mandible** has five distinct teeth, and the mid-point of the anterior **clypeal** margin has a single, unpaired, and stout **seta**. The **propodeum** is unarmed, the **petiolar spiracle** is close to the mid-length of the **peduncle**, and the first **gastral tergite** (**tergite** of A4) does not overlap the **sternite** on the **ventral** surface of the **gaster**. *Royidris* is morphologically similar to *Monomorium* and *Trichomyrmex*, but differs from these genera by having five distinct teeth and a conspicuous **occipital carina** along the posterior margin of the head. *Erromyrma* is also similar and like *Royidris* has five mandibular teeth. However, *E. latinodis* has an unsculptured mandible, the eye is situated conspicuously far in front of the mid-length of the **head capsule**, the **propodeal dorsum** is transversely **costulate** and has numerous **setae**, the petiolar spiracle is located at the **node**, and the first gastral tergite strongly overlaps the sternite **ventrally**.

Distribution, life history, and

Royidris

Royidris clarinodis

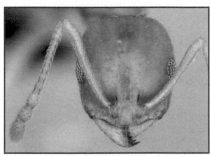

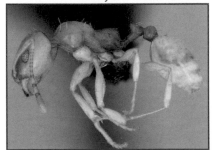

Royidris notorthotenes

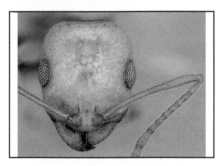

Royidris pallida

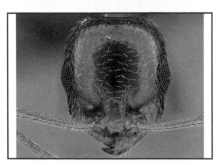

Royidris pulchra

Royidris est morphologiquement similaire à *Monomorium* et *Trichomyrmex*. Il se distingue de ces deux genres par la présence des cinq dents qui sont bien distinctes et par la **carène occipitale** qui est bien visible le long du bord postérieur de la tête. *Erromyrma* est aussi similaire à *Royidris*, tous les deux ayant cinq dent mandibulaires. Cependant. *E. latinodis* a des mandibules non-sculptées, des yeux situés clairement loin à l'avant de la capsule céphalique, un **dorsum propodéal** qui est légèrement **côtelé** transversalement et qui présente de nombreuses **setae**, un stigmate pétiolaire localisé sur le **nœud pétiolaire**, et le premier tergite du gaster chevauchant largement le sternite **ventral**.

Distribution, histoire naturelle et écologie : Ce genre est le plus commun dans les **habitats** subaride du Sud-ouest et des Hautes Terres centrales où il vit dans les forêts sèches, dans les fourrés épineux et dans les zones où la végétation dominante est constituée de savane, d'arbustes, ou de bois. Les nids se trouvent sous les pierres, dans les brindilles mortes tombées au sol, ou dans du bois pourri. La recherche de nourriture a lieu au sol et dans la litière végétale, bien que certaines espèces aient été régulièrement vues en train de parcourir des savanes brûlées ou des rochers nus.

ecology: This genus is most common in xeric **habitats** of the southwest and Central Highlands, where it inhabits dry forest, spiny bush, and areas where the dominant vegetation is shrubs, woodland, and savanna. Nests are found under stones, in dead twigs on the ground, or in rotten logs. Foraging takes place on the ground and in leaf litter, but some species have been found in regularly burned savanna or running along bare rock.

Simopone
Dorylinae

Genus: Tropical regions of the Old World
Species on Madagascar:
    endemic - 16 species

Identification: *Simopone* are unique in having the combination of large eyes, **ocelli**, and 11-segmented **antennae**. In addition, *Simopone* also have a conspicuous groove on the interior surface of the hind **basitarsus**. *Simopone* lack a **spur** on the **mesotibia** and a **metatibial gland**. The **antennal sockets** are not fully exposed. The head is unique as there is no distinct posterior face of the head just anterior to the attachment with the **pronotum** (neck).The **promesonotal suture** ranges from being an incised groove to vestigial; the **waist** is a single segment, which is **angulate** to marginate dorso-laterally. The **propodeal spiracle** is situated low on the side and **propodeal lobes** are present. The **pretarsal claws** have a **preapical** tooth.

Distribution, life history, and

Simopone

Simopone fera

Simopone merita

Simopone silens

Simopone trita

Simopone
Dorylinae

Genre des régions tropicales de l'Ancien Monde
Espèces trouvées à Madagascar :
endémiques - 16 espèces

Identification : *Simopone* est unique à avoir de larges yeux, des **ocelles,** et des **antennes** à 11 segments. De plus, *Simopone* présente des sillons très visibles sur la face antérieure des **basitarses** arrière. *Simopone* n'a ni **éperon** sur le **mésotibia** ni **glande métatibiale**. Les **fossettes antennaires** ne sont pas complètement exposées. La tête est exceptionnelle car il n'y a pas de face postérieure distincte à l'avant du point d'attache avec le **pronotum** (cou). La **suture promésonotale** varie en forme, allant de vestigiale à la forme d'un sillon incisé. La **taille** est constituée d'un unique segment qui varie de anguleux à marginé dorso-latéralement. Le **stigmate propodéal** est situé plutôt bas, sur le côté. Des **lobes propodéaux** sont aussi présents. Les **griffes prétarsales** ont chacune une dent **préapicale**.

Distribution, histoire naturelle et écologie : Toutes les espèces de *Simopone* nichent et s'alimentent principalement dans les arbres, bien que les ouvrières puissent aussi descendre au sol, pour prospecter dans la litière de feuilles ou dans du bois pourri. Les nids sont dans des brindilles creuses, des tiges et des branches pourries ou encore des trous pourris dans les arbres. *Simopone* a été vu en train de ramener des

ecology: All species nest and forage **arboreally**, though **workers** may descend to the ground to forage in leaf litter or in rotten wood. Nests are made in hollow twigs, rotten stems and branches, or rotten holes in trees. *Simopone* has been seen preying on the brood of *Terataner*, another arboreal ant. **Queens** of *Simopone* are **ergatoid**.

Solenopsis
Myrmicinae

Genus: Cosmopolitan but introduced to Malagasy Region
Species on Madagascar:
introduced - two species

Identification: *Solenopsis* can be recognized by the presence of 10-segmented **antennae** that terminate in a strongly developed two-segmented club, coupled with a single, unpaired long **seta** at the midpoint of the anterior **clypeal** margin, and a **propodeum** that is always unarmed and rounded. The head lacks **frontal carinae** behind the **frontal lobes**, and is without **antennal scrobes**; the median portion of the **clypeus** is narrowly inserted between the frontal lobes and **bicarinate**. *Solenopsis* may be confused with *Carebara* because both have a two-segmented club and *Carebara* often has 10-segmented antennae. *Carebara* differs from *Solenopsis* in having a pair of elongated setae, which straddle the midpoint of the anterior clypeal margin instead of the single median seta present in *Solenopsis*. In contrast to *Solenopsis*, the propodeum in *Carebara* is armed with a pair of teeth. *Solenopsis*

couvains de *Terataner* (une autre fourmi **arboricole**). Les **reines** de *Simopone* sont **ergatoïdes**.

Solenopsis
Myrmicinae

Genre cosmopolite mais introduit dans la région malgache
Espèces trouvées à Madagascar :
    introduites - deux espèces

Identification : *Solenopsis* peut se reconnaître par ses **antennes** à 10 segments, dont les deux derniers forment une massue fortement développée, par la longue **seta** unique, impaire, située au milieu du bord antérieur du **clypeus**, ainsi que par son **propodéum** qui est arrondi et toujours non-armé. La tête ne présente ni **carène frontale** derrière les **lobes frontaux** ni **sillons antennaires**. La portion médiane du clypeus est **bicarénée** et s'insère étroitement entre les lobes frontaux.

Solenopsis peut se confondre avec *Carebara* étant donné que les deux présentent des massues antennaires à deux segments (de plus, *Carebara* a souvent des antennes à dix segments également). Mais ces deux genres se différencient par le fait que *Carebara* présente une paire de setae allongées de part et d'autre du milieu du clypeus (au lieu de la seta unique médiane chez *Solenopsis*). Par ailleurs, contrairement à *Solenopsis*, *Carebara* présente un propodéum qui est armé d'une paire de dents. *Solenopsis* est aussi légèrement similaire à *Monomorium*, *Trichomyrmex* et *Syllophopsis*. Néanmoins, ces trois genres n'ont jamais d'antennes à 10

may also be superficially similar to *Monomorium*, *Trichomyrmex*, and *Syllophopsis*. However, these genera never have a 10-segmented antenna, or a two-segmented club as found in *Solenopsis*.

Distribution, life history, and ecology: *Solenopsis geminata*, a native of the American tropics, is restricted to the extreme north of Madagascar and is most abundant in open areas, such as agricultural zones and around human settlements; it has not yet been collected in native forest. *Solenopsis geminata* is **polymorphic** with relatively large **soldiers**. *Solenopsis mameti* is **monomorphic**, small, and most abundant in the coastal northeast, but there are scattered records from the southern Central Highlands. It is mainly found under stones, in the soil at the base of trees, or in leaf litter. *Solenopsis mameti* was initially thought to be **endemic** to the Malagasy Region (first described from Mauritius), but its distribution pattern across regional islands suggests it may be **introduced**.

Solenopsis

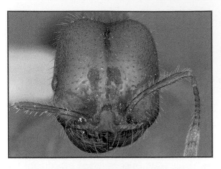

Solenopsis geminata

Solenopsis mameti

Solenopsis MG01

segments, et encore moins de massue antennaire à deux segments comme c'est le cas chez *Solenopsis*.

Distribution, histoire naturelle et écologie : *Solenopsis geminata*, une espèce originaire des tropiques américains, est limitée à l'Extrême Nord de Madagascar où elle se rencontre en abondance dans les

milieux ouverts comme à l'intérieur des zones agricoles et aux alentours des lieux d'implantation humaine. Elle n'a pas encore été collectée dans les forêts indigènes. *Solenopsis geminata* est **polymorphique** avec des **soldats** de très grande taille. *Solenopsis mameti* est, par contre, **monomorphique** avec des individus tous de petite taille. *Solenopsis mameti* est particulièrement abondante le long des côtes du Nord-est de Madagascar, avec des observations sporadiques dans le sud des Hautes Terres Centrales. Elle est surtout trouvée sous les pierres, dans le sol au pied des arbres ou dans la litière végétale. Au début, *S. mameti* était considéré comme étant **endémique** à la région malgache, avec une première description effectuée à l'île Maurice ; mais la distribution de l'espèce à travers les îles de la région suggère plutôt qu'elle serait **introduite**.

Stigmatomma
Amblyoponinae

Genre cosmopolite mais absent de la région néotropicale
Espèces trouvées à Madagascar :
    endémiques - six espèces

Identification : Parmi les Amblyoponinae, seul *Stigmatomma* est caractérisé par des **mandibules** linéaires avec les parties **apicales** pointues, mandibules qui sont plus courtes que la tête et qui ne se referment pas étroitement contre le **clypeus**. *Stigmatomma* se caractérise aussi par la présence de **setae dentiformes** sur le bord antérieur du clypeus, par l'absence de **pédoncule**

Stigmatomma
Amblyoponinae

Genus: Cosmopolitan, excluding Neotropic
Species on Madagascar:
    endemic - six species

Identification: Among the amblyoponines, only *Stigmatomma* is characterized by the possession of **apically** pointed linear **mandibles** that are shorter than the head and do not close tightly against the **clypeus**, the presence of **dentiform setae** on the anterior clypeal margin, the lack of an anterior **peduncle** on the **petiole**, and the absence of **spatulate** setae on the head and body. *Xymmer* is morphologically similar to *Stigmatomma*, but *Xymmer* lacks dentiform setae on the anterior clypeal margin.

Distribution, life history, and ecology: *Stigmatomma* are predominantly found in leaf litter and rotten wood, but sometimes dig nests deep into the soil. Their prey appears to be geophilomorph centipedes. **Queens** are winged but a **gamergate** was dissected from a small queenless colony of *S. roahady*, indicating gamergates may function as secondary reproductives.

Stigmatomma

Stigmatomma bolabola

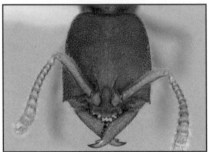

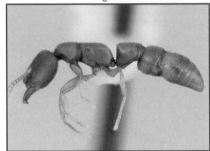

Stigmatomma liebe

Stigmatomma roahady

Stigmatomma sakalava

antérieur sur le **pétiole**, ainsi que par l'absence de setae **spatulées** sur la tête ou sur le corps.

Xymmer ressemble morphologiquement à Stigmatomma mais Xymmer ne présente pas de setae dentiformes sur le bord antérieur de clypeus.

Distribution, histoire naturelle et écologie : Stigmatomma se rencontre principalement dans la litière végétale et le bois pourri mais elle peut aussi creuser des nids en profondeur dans le sol. Sa proie semble être des mille-pattes géophilomorphes. Les **reines** sont **ailées** mais une **gamergate** (identifiée par dissection) a aussi été trouvée au sein d'une petite colonie sans reine de S. roahady, ce qui indique que des gamergates pourraient fonctionner comme des individus reproducteurs secondaires.

Strumigenys
Myrmicinae

Genre cosmopolite
Espèces trouvées à Madagascar :
    endémiques - 83 espèces et cinq **taxa** connus non encore décrits
    Région malgache - une espèce
    Afro-malgache - une espèce
    introduites - six espèces

Identification : Parmi les Myrmicinae, Strumigenys est facilement identifiable. En effet, il a des **antennes** avec quatre à six segments seulement, dont les deux segments **apicaux** forment une massue distincte. Il a aussi des **sillons antennaires** très visibles. Les **lobes frontaux** sont largement séparés, avec un large **clypeus** se projetant vers

Strumigenys
Myrmicinae

Genus: Cosmopolitan
Species on Madagascar:
    endemic - 83 species and five known undescribed **taxa**
    Malagasy Region - one species
    Afro-Malagasy - one species
    introduced - six species

Identification: Among the myrmicines, Strumigenys is easily identified. It has only 4-6 **antennal segments**, of which the **apical** two form a distinct club; **antennal scrobes** are usually conspicuous. The **frontal lobes** are widely separated, and the large **clypeus** projects back between them. The **procoxa** is at least as large as the **mesocoxa** and **metacoxa**. The **mesobasitarsus** and **metabasitarsus** lack apical circlets of spines (present in Melissotarsus). The **mesonotum** and **petiole** always lack teeth or **tubercles**, and **spongiform tissue** is usually present on one or both **waist** segments. The **mandibles** are triangular to linear. Unusual **pilosity** is usually present.

Distribution, life history, and ecology: Strumigenys is a **speciose** genus that is present across Madagascar. It is most diverse and abundant in humid forests, with over 40 species in the Marojejy National Park. They are usually minute and **cryptic** ants, predominantly found in soil, leaf litter, rotten twigs, or larger pieces of rotten wood, where they nest and forage. Few species nest in rotten pockets or dead branches or twigs in trees and to forage **arboreally**. The

Strumigenys

Strumigenys dexis

Strumigenys dicomas

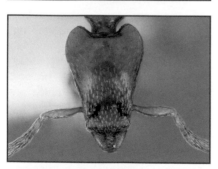

Strumigenys olsoni

Strumigenys seti

l'arrière entre eux. La **précoxa** est au moins aussi grande que la **mésocoxa** et la **métacoxa**. Ni le **mésobasitarse** ni le **métabasitarse** ne présente de petits cercles d'épines (qui sont présents chez *Melissotarsus*). Le **mésonotum** et le **pétiole** ne présentent jamais de **dents** ou de **tubercules.** Un **tissu spongiforme** est généralement présent sur l'un ou sur les deux segments de la **taille**. La mandibule varie de triangulaire à linéaire. Une **pilosité** insolite est généralement présente.

Distribution, histoire naturelle et écologie : *Strumigenys* est un genre **spéciose** qui est présent dans tout Madagascar. Il est le plus diversifié et le plus abondant dans les forêts humides, avec plus de 40 espèces dans le seul Parc National de Marojejy. Les espèces de *Strumigenys* sont généralement minuscules et **cryptiques** : elles se trouvent principalement dans le sol, dans la litière végétale ou dans les larges tronçons de bois pourri où elles nichent et cherchent leur nourriture. Quelques espèces **arboricoles** nichent aussi dans les trous pourris, dans les brindilles et branches mortes des arbres, et cherchent leur nourriture dans les arbres. Les proies de *Strumigenys* sont surtout constituées de collemboles, bien qu'une grande variété d'autres **arthropodes** de petite taille soient aussi chassés. Certaines espèces ont de longues mandibules qui peuvent s'ouvrir à plus de 180° pendant la chasse avant de se refermer brusquement sur les proies. Plusieurs espèces peuvent coexister dans les mêmes **micro-habitats**.

prey of *Strumigenys* is predominantly springtails (Collembola), but a wide range of other small **arthropods** is taken. Some species have long mandibles that are held open at more than 180° while hunting, and snap shut on their prey. Several species may coexist in the same **micro-habitats**.

Syllophopsis
Myrmicinae

Genus: Old World tropical and subtropical regions but also in Caribbean
Species on Madagascar:
    endemic - six species
    Afro-Malagasy - three species
    introduced - one species

Identification: *Syllophopsis* has 12-segmented **antennae** that terminate in a large, well-defined club of three segments. Eyes are usually minute, consisting of only 1-2 **ommatidia** (rarely slightly larger). With the head in profile, the unpaired median **clypeal seta** arises from a vertical, or concave-vertical, surface located well below the anteriormost point of the clypeal projection. The posterior portion of the **clypeus** is very narrow, so that the **antennal sockets** are very close together and elevated. The **propodeum** is **angulate** to **denticulate** between the dorsum and **declivity**. In larger individuals, transverse ridges are visible on the underside of **petiolar peduncle** and **node**. *Syllophopsis* is most similar to *Monomorium*, but differ most notably as follows: in *Monomorium*, the unpaired, median clypeal seta arise from the anteriormost point of the

Syllophopsis

Syllophopsis adiastolon

Syllophopsis ferodens

Syllophopsis fisheri

Syllophopsis infusca

Syllophopsis
Myrmicinae

Genre des régions tropicale et sub-tropicale de l'Ancien Monde ainsi que des Caraïbes
Espèces trouvées à Madagascar :
    endémiques - six espèces
    Afro-malgache - trois espèces
    introduite - une espèce

Identification : *Syllophopsis* possède des **antennes** à 12 segments, dont les trois derniers forment une large massue très bien définie. Les yeux sont généralement minuscules, consistant seulement d'une ou de deux facettes (les yeux sont rarement plus grands). En regardant la tête de profil, une **seta** médiane impaire se dresse du **clypeus** à partir d'une surface verticale platte ou concave située très en-dessous du point le plus antérieur de la projection clypéale. La partie postérieure du clypeus est très étroite, de sorte que les **fossettes antennaires** sont surélevées et très rapprochées l'une de l'autre. Le **propodéum** est **anguleux** à **denticulé** entre le dorsum et la **déclivité** située à l'arrière. Chez les individus de grande taille, des stries transversales sont visibles en dessous du **pédoncule** et du **nœud pétiolaire**.

Syllophopsis ressemble le plus à *Monomorlum*. La différence entre les deux genres s'observent surtout dans les points suivants : chez *Monomorium*, la seta médiane impaire se dresse à partir du point le plus antérieur de la projection clypéale (et non à partir d'une surface en-dessous de la projection comme c'est le cas chez *Syllophopsis*) ; le clypeal projection (and not from below the projection as in *Syllophopsis*); the propodeal dorsum is rounded (without distinct angles as in *Syllophopsis*); and the underside of the petiolar peduncle and node is always without the transverse ridges typical of most *Syllophopsis*.

Distribution, life history, and ecology: The genus is widespread across Madagascar. All species are **cryptic**, nesting and foraging in soil, leaf litter, rotten wood, root mats, and under stones. Occasionally colonies have been found in hollow bamboo or dead branches above ground, or under moss on live trees. Larger species are most often found at higher **elevations** (Figure 39). Despite its name, *S.*

Figure 39. *Syllophopsis fisheri*, dont la distribution est confinée aux forêts humides de montagne, montre également la tendance de certaines espèces vivant dans les conditions montagneuses les plus humides d'avoir un morphotype d'**ouvrières** d'aspect lisse et vitreux, avec un minimum de sculpture. (Cliché par B. Fisher) / **Figure 39.** *Syllophopsis fisheri*, whose distribution is confined to montane rainforest, shows the tendency of some species living in very moist montane conditions to produce a **worker** morphotype that is smooth and glassy with minimal sculpture. (Photo by B. Fisher.)

dorsum propodéal est arrondi (sans les angles distincts de *Syllophopsis*) ; le dessous du pédoncule et du nœud pétiolaire ne présentent jamais de stries transversales (ces dernières étant typiques de *Syllophopsis*).

Distribution, histoire naturelle et écologie : Ce genre est largement distribué dans tout Madagascar. Toutes les espèces sont cryptiques : elles nichent et recherchent leur nourriture au sol, dans la litière végétale, dans les tapis racinaires et sous les pierres. Occasionnellement, des colonies ont été trouvées dans les creux des bambous, dans les branches mortes au-dessus du sol ou sous la mousse sur des arbres vivants. Les espèces les plus grosses se rencontrent le plus souvent dans les zones de haute altitude (Figure 39). Malgré son nom, il est vraisemblable que *S. sechellensis* est une espèce **introduite** dans la **Région malgache**. Les reines de *Syllophopsis* sont généralement **ailées** ; cependant, *S. aureorugosa* possède une reine **ergatoïde** avec un **thorax** fortement réduit.

Tanipone
Dorylinae

Genre endémique, connu seulement à Madagascar
Espèces trouvées à Madagascar :
endémiques - 10 espèces

Identification : *Tanipone* est une fourmi remarquable avec de grands yeux et **ocelles**, et des **palpes** extrêmement longs. *Tanipone* est le seul genre avec des taches glandulaires subovales sur la moitié postérieure du premier tergite

sechellensis is considered **introduced** to the **Malagasy Region**. Winged **queens** are known for *Syllophopsis* in general, but *S. aureorugosa* has an **ergatoid** queen with a strongly reduced **thorax**.

Tanipone
Dorylinae

Genus: Endemic, known only from Madagascar
Species on Madagascar:
endemic - 10 species

Identification: *Tanipone* are distinctive ants with large eyes and **ocelli**, and extremely long **palps**. *Tanipone* is the only genus with subovate glandular patches on the poster half the first **gastral tergite** (A3) (patches absent in *T. aglandula*) and the only genus with a light transverse band or two light spots at the posterior margin of **gastral tergite** (A3). The body coloration is black or bicolored reddish and black. The **antennae** are 12-segmented, and the **antennal sockets** are fully exposed. The **promesonotal suture** is absent, while the **waist** is of a single segment and not **marginate** dorso-laterally. The **propodeal spiracle** is situated low on the side and **propodeal lobes** are present. The **mesotibia** lacks **spurs** and the **pretarsal claws** of the **metatarsus** have a **preapical** tooth.

Distribution, life history, and ecology: This genus is restricted to the **xeric** west and south, where it is a characteristic inhabitant of dry forest, spiny bush, and vegetation dominated by shrubs, woodland, and savanna.

Tanipone

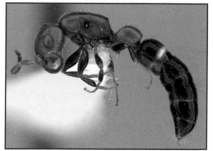

Tanipone cognata

Tanipone scelesta

Tanipone varia

Tanipone varia

du gaster (A3) taches absentes chez *T. aglandula*). De plus, *Tanipone* est le seul genre avec une bande claire transversale ou avec deux taches claires sur le bord postérieur du tergite abdominal (A3). Le corps est noir ou bicolore (noir et rougeâtre). Les **antennes** ont 12 segments et les **fossettes antennaires** sont complètement exposées. La **suture promésonotale** est absente. La **taille** est constituée d'un seul segment qui n'est pas **marginé** dorso-latéralement. Le **stigmate propodéal** est situé bien bas sur le côté. Des **lobes propodéaux** sont présents. Le **mésotibia** ne présente pas d'**éperon**. Les **griffes prétarsales** au niveau du **métatarse** présentent une dent **préapicale**.

Distribution, histoire naturelle et écologie : Ce genre se limite aux zones subarides de l'ouest et du sud où il est un habitant caractéristique des forêts sèches, des fourrés épineux ainsi que des végétations dominées par des arbustes, des bois et des savanes. *Tanipone* est en majeure partie **terrestre**, se rencontrant dans des nids dans le sol, sous les pierres, sous les rondins pourris et dans les souches d'arbres. *Tanipone* cherche sa nourriture au sol et sur la végétation basse. Certaines espèces sont cependant **arboricoles**, vivant dans les tiges et les branches mortes ou vivantes, ou encore dans les trous pourris des arbres. Les **reines** sont apparemment **ergatoïdes** et similaires aux ouvrières.

It is predominantly **terrestrial**, being found in ground nests, under stones, in and under rotten logs, and in tree stumps. It forages on the ground and on low vegetation. Some species are **arboreal**, dwelling in live or dead stems and branches, or in rotten holes in trees. **Queens** are suspected to be **ergatoid** and similar to **workers** in appearance.

Tapinolepis
Formicinae

Genus: Afrotropic, northern Africa, and Malagasy regions
Species on Madagascar:
    endemic - three known undescribed **taxa**

Identification: Among the formicines on Madagascar, *Tapinolepis* can be identified by its combination of 11-segmented **antennae**, presence of **ocelli**, absence of a differentiated **metanotum** on the **mesosoma**, and lack of spines or teeth on the **propodeum** and **petiole**. In addition, the eyes are never strikingly behind the mid-length of the head, standing **setae** may be absent or sparsely present, and the **metatibia** lacks a stout **spur**.

Tapinolepis

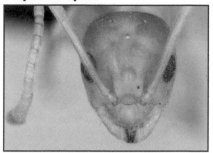

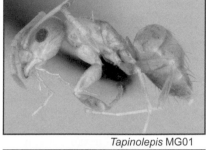

Tapinolepis MG01

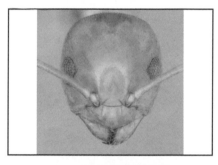

Tapinolepis MG02

Tapinolepis MG03

Tapinolepis
Formicinae

Genre de la région afrotropicale, du Nord de l'Afrique et de la région malgache
Espèces trouvées à Madagascar :
    endémiques - trois **taxa** connus non encore décrits

Distribution, life history, and ecology: *Tapinolepis* are most often collected in montane humid forest, but in the extreme north, they are also present in littoral forest. It has been collected in leaf litter and rotten wood but also forages on low vegetation and nests in dead twigs above ground.

Identification : Parmi les Formicinae de Madagascar, *Tapinolepis* peut être identifié par la combinaison des caractères suivants : **antennes** à 11 segments, présence **d'ocelles**, absence de **métanotum** différencié au niveau du **mésosome**, absence d'éperons ou de dents sur le **propodéum** et sur le **pétiole**. De plus, les yeux ne sont jamais vraiment situés dans la moitié postérieure de la tête. Des **setae** érigées et clairsemées peuvent être présentes ou non. Le **métatibia** ne présente pas d'**éperon** épais.

Distribution, histoire naturelle et écologie : *Tapinolepis* est collecté le plus souvent dans les forêts humides de montagne. Cependant, à l'Extrême Nord de Madagascar, il est aussi présent dans les forêts littorales. Il a été collecté dans la litière végétale et dans du bois pourri, mais il niche dans les brindilles mortes au-dessus du sol et cherche sa nourriture sur la végétation basse.

Tapinoma
Dolichoderinae

Genre cosmopolite
Espèces trouvées à Madagascar :
    endémiques - une espèce et six
    taxa connus non encore décrits
    Région malgache - une espèce
    introduite - une espèce

Identification : En général, ces fourmis peuvent s'identifier par la présence d'un **pétiole** ; cependant, deux genres à Madagascar – tous les deux des Dolichoderinae – n'en présentent pas. Chez *Tapinoma* et

Tapinoma
Dolichoderinae

Genus: Cosmopolitan
Species on Madagascar:
    endemic - one species and six
    known undescribed **taxa**
    Malagasy Region - one species
    introduced - one species

Identification: Ants are generally identified in part by the presence of a **petiole**. However, two genera on Madagascar, both dolichoderines, appear to lack a petiole. In *Tapinoma* and *Technomyrmex*, the petiole (A2) is extremely reduced to the point where it is merely a low, slender segment, without a **node** or **scale**. The first **gastral segment** (A3) extends over and conceals the petiole in a groove. These two similar-looking genera can be distinguished as follows. In **dorsal** view, the **gaster** of *Tapinoma* has four visible **tergites**, while *Technomyrmex* has five visible tergites. In *Tapinoma*, the last segment (**pygidium**) is reflexed onto the **ventral** surface and not visible in dorsal view. In *Tapinoma*, the **pronotum** generally lacks **erect setae**, while in *Technomyrmex* the pronotum commonly has 2-10 erect setae.

Distribution, life history, and ecology: Some *Tapinoma* are **terrestrial**, nesting directly in the ground, under stones or rotten wood, or in compressed leaf litter, but many are **arboreal**, including the most common native species, *T. subtile*. The widespread *T. melanocephalum* is a **pantropical tramp** species often encountered indoors. **Workers**

Tapinoma

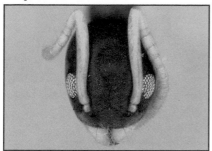

Tapinoma melanocephalum

Tapinoma MG04

Tapinoma MG11

Tapinoma subtile

Technomyrmex, le pétiole (A2) est en fait extrêmement réduit, au point où il apparait juste comme un simple segment bas, effilé, sans **nœud** ni **écaille**. Le premier segment du **gaster** (A3) s'étend au dessus du pétiole et cache ce dernier dans un sillon. Ces deux genres, qui apparaissent très similaires, peuvent se distinguer l'un de l'autre de la manière suivante. En vue dorsale, le gaster de *Tapinoma* présente quatre tergites visibles, alors que celui de *Technomyrmex* en présente cinq. De plus, chez *Tapinoma*, le dernier segment (le **pygidium**) se replie sous la surface ventrale et ne peut être observé en vue dorsale. En général, le **pronotum** de *Tapinoma* ne possède pas de **setae érigées** (tandis que le pronotum de *Technomyrmex* en possède entre deux et dix).

Distribution, histoire naturelle et écologie : Certains *Tapinoma* sont **terrestres**, nichant directement dans le sol, sous les pierres, sous les bois pourris, ou dans la litière végétale comprimée, mais plus nombreuses sont les espèces qui sont **arboricoles**, y compris l'espèce indigène la plus commune, *T. subtile*. Quant à l'espèce **vagabonde pantropicale**, *T. melanocephalum*, elle se rencontre souvent à l'intérieur des habitations. Les **ouvrières** de *Tapinoma* sont minuscules. Elles sont généralement des charognards mais elles protègent également des pucerons ou des cochenilles pour obtenir du **miellat**.

are minute. *Tapinoma* are general scavengers but often tend aphids or coccids to obtain **honeydew**.

Technomyrmex
Dolichoderinae

Genus: Cosmopolitan but absent in Nearctic Region.
Species on Madagascar:
  endemic - four species
  Malagasy Region - three species
  Afro-Malagasy - two species
  introduced - three species

Identification: The **petiole** (A2) of *Technomyrmex* and *Tapinoma* is extremely reduced, merely a low, slender segment, without a **node** or **scale**. It is overhung from behind by the first **gastral segment** (A3), the anterior surface of which bears a groove that accommodates and conceals the petiole. In *Tapinoma*, the **pygidium** is not visible in **dorsal** view because it is reflexed onto the **ventral** surface. In consequence, only four **gastral tergites** (those of A3-6) are visible in dorsal view in *Tapinoma*, whereas five gastral tergites (those of A3-7) can be seen in *Technomyrmex*.

Distribution, life history, and ecology: *Technomyrmex* contains some of the subfamily's most accomplished **tramp** species, some occur almost entirely in the forest litter layer, where they may be locally abundant. Many species nest in the ground: directly or under stones, in and under rotten wood on the ground, and in tree stumps. These species forage on the ground and in leaf litter, but many also ascend trees in search

Technomyrmex

Technomyrmex anterops

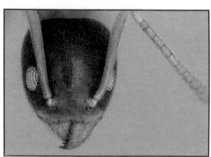

Technomyrmex fisheri

Technomyrmex innocens

Technomyrmex mayri

Technomyrmex
Dolichoderinae

Genre cosmopolite mais absent de la région néarctique
Espèces trouvées à Madagascar :
    endémiques - quatre espèces
    Région malgache - trois espèces
    Afro-malgache - deux espèces
    introduites - trois espèces

Identification : Le **pétiole** (A2) de *Technomyrmex* et de *Tapinoma* est extrêmement réduit, comme un simple segment bas, effilé, sans **nœud** ni **écaille**. Il est chevauché à l'arrière par le premier segment du **gaster** (A3) qui porte sur sa surface antérieure un sillon hébergeant et cachant ce pétiole. Mais chez *Tapinoma*, en vue **dorsale**, le **pygidium** n'est pas visible car il se replie sous la surface **ventrale**, ce qui fait que quatre **tergites gastraux** (ceux de A3 à A6) seulement sont visibles. Par contre, chez *Technomyrmex*, cinq tergites gastraux (ceux de A3 à A7) sont visibles en vue dorsale.

Distribution, histoire naturelle et écologie : Parmi les Dolichoderinae, *Technomyrmex* comprend les espèces **vagabondes** les plus accomplies. Certaines espèces se rencontrent presque seulement dans la litière végétale des forêts où elles peuvent être localement très abondantes. De nombreuses espèces nichent d'ailleurs au sol : dans le sol, sous les pierres, à l'intérieur ou en-dessous de bois pourri et dans les souches d'arbres. Ces espèces cherchent leur nourriture au sol, dans la litière végétale, bien que certaines puissent aussi grimper aux arbres. D'autres espèces sont of food. Some species are **arboreal**, building nests under bark, in twigs, or in rotten parts of standing trees. One species builds nests of **carton** upon foliage (*T. anterops*). *Technomyrmex albipes* is an **invasive** species of conservation concern. In a study of canopy ants on the Masoala Peninsula, all of the trees along at least 4 km of coast were occupied by *T. albipes*. In this case, the species had formed a **super colony**, suggesting that the Masoala humid forest is threatened by its invasion. **Castes** in the *T. albipes* species group are complex for both sexes. In addition to winged **queens** and normal **workers**, there are **ergatoid** queens that vary in size, and males come in both **alate** and ergatoid forms.

Terataner
Myrmicinae

Genus: Afrotropic and Malagasy Regions
Species on Madagascar:
    endemic - five species and 35 known undescribed **taxa**

Identification: *Terataner* has 12-segmented **antennae** that terminate in a club of three segments. The posterior corners of the head, in full-face view, are **angulate** to sharply **denticulate**, and **frontal carinae** are present. The **pronotum** is usually **marginate** both anteriorly and laterally, and the **humeri** are **angulate** to **dentate**. The **propodeum** is unarmed to **bidentate**, but never has long sharp spines. The **petiole** (A2) **node dorsally** either has a transverse crest, or is indented medially, or has a pair

arboricoles, construisant leur nid sous l'écorce, dans les brindilles ou dans les parties pourries des arbres vivants. Une espèce, *T. anterops*, construit même un nid de **carton** dans le feuillage.

L'espèce *T. albipes* fait l'objet d'attention particulière en conservation car elle est **envahissante**. Lors d'une étude des fourmis de la canopée dans la Péninsule de Masoala, tous les arbres situés le long d'au moins 4 km de côte étaient occupés par *T. albipes* qui formait une supercolonie ; ce qui suggère que la forêt humide de Masoala est menacée d'invasion. Les **castes** dans le groupe d'espèces *T. albipes* sont complexes pour chacun des deux sexes. En plus des **reines ailées** et des **ouvrières** normales, il existe des reines **ergatoïdes** de différentes tailles, ainsi que des mâles ailés ou ergatoïdes.

Terataner
Myrmicinae

Genre des régions afrotropicale et malgache
Espèces trouvées à Madagascar :
    endémiques - cinq espèces et 35 **taxa** connus non encore décrits

Identification : *Terataner* a des **antennes** à 12 segments dont les trois derniers forment une massue. Vu de face, la forme des coins postérieurs de la tête varie do **anguleuse** à fortement **denticulée**. Des **carènes frontales** sont présentes. Le **pronotum** est généralement marginé sur ses parties antérieure et latérale. L'**humérus** est **anguleux** à **denté**. Le **propodéum** est non-armé à **bidenté** ; mais jamais

of teeth or spines. The **postpetiole node** may be rounded or have a single **apical** spine. In contrast to the equally **arboreal** *Cataulacus*, *Terataner* lacks a well-developed **scrobe** that runs below the eyes. *Tetramorium* may also be confused with *Terataner*, but in *Tetramorium*, the antenna is placed in a deep pit, surrounded anteriorly by a wall formed by the **clypeus**. In *Tetramorium*, the petiole and postpetiole never have spines. In the southwest, *Terataner* may be confused with the *Nesomyrmex hafahafa* group. In *Nesomyrmex*, however, the antennae are 12-segmented and the posterior corners of the head are never denticulate.

Distribution, life history, and ecology: *Terataner* are present across Madagascar but absent from the most xeric limestone areas of the southwest spiny bush, such as the Mahafaly Plateau. Species are mostly **arboreal**, with nests dug in twigs, hollow stems, or rotten parts of standing trees, often a considerable distance above the ground. In the far north, a few species of this genus nest in rotten branches and sticks on the ground. They are predators or scavengers, although this is poorly documented. While most species in Africa have winged **queens**, Malagasy species have **ergatoid** queens that are extremely similar in body size and **morphology** to **workers**. However, their **gaster** is slightly bigger, with six **ovarioles** (unlike workers that have only two). Seven colonies of *T. bellator* had a single mated queen and 18 workers on average (range 7-30), as well as 0-0 naked pupae, 7-31 **larvae**, and 4-33

Terataner

Terataner alluaudi

Terataner legionarius

Terataner steinheili

Terataner thraex

avec de longues épines. Sur sa partie **dorsale**, le **pétiole** (A2) présente soit une crête transversale, soit une dentelure médiane, soit une paire de dents ou d'épines.

Contrairement à *Cataulacus*, une autre fourmi **arboricole**, *Terataner* ne présente pas de sillon bien développé en-dessous des yeux. *Terataner* peut aussi être confondu avec *Tetramorium*, sauf que chez ce dernier, l'antenne est placée dans une dépression profonde antérieurement entourée par une paroi formée par le **clypeus**. De plus, le pétiole et le post-pétiole de *Tetramorium* n'ont jamais d'épines. Dans le Sud-est de Madagascar, *Terataner* peut par ailleurs se confondre avec le groupe de *Nesomyrmex hafahafa* ; cependant, chez ce groupe, les antennes ont 12 segments et les angles postérieurs de la tête ne sont jamais **denticulés**.

Distribution, histoire naturelle et écologie : *Terataner* est présent dans tout Madagascar, sauf dans les zones calcaires les plus sèches des fourrés épineux du sud-ouest comme sur le Plateau Mahafaly. *Terataner* est principalement **arboricole** avec des nids aménagés dans les brindilles, dans les tiges creuses, ou dans les parties pourries des arbres encore sur pied, souvent à une grande distance au-dessus du sol. Dans l'extrême Nord de Madagascar, quelques espèces de ce genre nichent dans des brindilles ou branches tombées au sol. Il semble que *Terataner* est un prédateur ou un charognard, bien que l'on dispose de peu de documentation à ce sujet. Alors que la plupart des espèces de *Terataner* d'Afrique ont des **reines**

eggs. *Terataner alluaudi* colonies (n = 11) are slightly more populous, with 28 workers on average and a single mated queen.

Tetramorium
Myrmicinae

Genus: Cosmopolitan
Species on Madagascar:
  endemic - 96 species and 13 known undescribed **taxa**
  Malagasy Region - one species
  Afro-Malagasy - three species
  introduced - five species

Identification: *Tetramorium* on Madagascar has 11- or 12-segmented **antennae** that terminate in a distinct club of three segments, and eyes are always present. The **clypeus** is broadly inserted between widely separated **frontal lobes**, and the clypeus usually has a longitudinal median **carina**. The lateral portions of the clypeus are raised into a wall or sharp ridge in front of the **antennal sockets**. The **pronotum** and anterior **mesonotum** never form a raised dome in profile view, as in *Pheidole*. The first **gastral tergite** (tergite of A4) does not broadly overlap the **sternite** on the **ventral gaster**, as in *Pheidole*, and the sting has a translucent, **spatulate** to pennant-shaped thin appendage that projects from the dorsum of the shaft near or at its apex. *Tetramorium* may be confused with *Vitsika* and *Nesomyrmex*, but in those genera, the lateral portions of clypeus, immediately in front of the antennal sockets, are flat and not raised up into a ridge or wall.

ailées, les espèces malgaches ont des reines **ergatoïdes** de taille et de **morphologie** similaires aux **ouvrières**. Cependant, le **gaster** de ces reines est légèrement plus grand avec six **ovarioles** (contre seulement deux ovarioles chez les ouvrières). L'observation de sept colonies de *T. bellator* rend compte d'une seule reine accouplée et de 7 à 30 ouvrières (18 ouvrières en moyenne), de 0 à 9 nymphes nues, de 7 à 31 **larves** et de 4 à 33 œufs. Les colonies de *T. alluaudi* sont légèrement plus grandes puisque, sur 11 observations, il y a une reine accouplée avec 28 ouvrières en moyenne.

Tetramorium
Myrmicinae

Genre cosmopolite
Espèces trouvées à Madagascar :
  endémiques - 96 espèces et 13 **taxa** connus non encore décrits
  Région malgache - une espèce
  Afro-malgache - trois espèces
  introduites - cinq espèces

Identification : A Madagascar, *Tetramorium* possède des **antennes** à 11 ou 12 segments se terminant par une massue composée des trois segments apicaux. Les yeux sont toujours présents. Le **clypeus** s'insère largement entre les **lobes frontaux** qui sont fortement séparés l'un de l'autre. La clypeus présente généralement une **carène** médiane longitudinale. Les parties latérales du clypeus sont surélevées en parois ou arêtes tranchantes devant les **fossettes antennaires**. Le dard présente un appendice fin, translucide, à la forme

Distribution, life history, and ecology: *Tetramorium* occupies all **habitats** and **micro-habitats** on Madagascar, from harsh near deserts in the southwest to cold montane humid forest, and grasslands, and from deep in the soil to the tops of trees. Almost any imaginable nest site can be used: in the ground, either directly or under objects; in termite mounds; in leaf litter, either directly or in twigs, stems, and small pieces of rotting wood; among the roots of plants; in tree stumps and rotten logs, either under the bark or deep in the tissues; in rotten pockets; anywhere in standing trees; and in hollow twigs. Many species are **carnivorous**, others **granivorous**, but some species feed on the **honeydew** produced by aphids and scale insects. *Tetramorium silvicola* may be an obligate inhabitant of a *Gravesia* (Melastomataceae) **ant-plant** occurring in the northeast.

Tetramorium

Tetramorium bessonii

Tetramorium electrum

Tetramorium ryanphelanae

Tetramorium severini

d'une spatule ou d'une banderole, qui part de la partie dorsale de la hampe à son **apex** ou à proximité.

Contrairement à *Pheidole,* le **pronotum** et la partie antérieure du **mésonotum** de *Tetramorium* ne forment jamais de dôme en vue de profil. Le premier **tergite** du **gaster** (tergite de A4) de *Tetramorium* ne chevauche pas le sternite sur la face ventrale non plus, comme c'est le cas chez *Pheidole*. *Tetramorium* peut aussi se confondre avec *Vitsika* ou avec *Nesomyrmex* ; mais dans ces deux derniers genres, la partie latérale du clypeus est plane, non surélevée en parois ou arêtes à l'avant des fossettes antennaires.

Distribution, histoire naturelle et écologie : *Tetramorium* occupe tous les **habitats** et **micro-habitats** de Madagascar, des régions hostiles quasi-désertiques du Sud-ouest aux prairies et forêts humides et froides des montagnes, ou encore de la profondeur des sols jusqu'aux sommets des arbres. Presque tous les types de nids imaginables peuvent être utilisés par *Tetramorium* : au sol (directement dans le sol, sous un objet ou dans des termitières), dans la litière végétale (entre les couches, dans des brindilles ou dans de petits morceaux de bois pourri), entre les racines des arbres ou dans les souches, dans les rondins de bois (sous l'écorce ou en profondeur dans les tissus), dans des brindilles creuses, dans tout trou pourri d'un arbre, partout sur un arbre vivant. De nombreuses espèces sont carnivores, d'autres granivores, bien que quelques espèces se nourrissent aussi du miellat produit par les pucerons

Tetraponera
Pseudomyrmecinae

Genus: Tropical and subtropical regions of the Old World
Species on Madagascar:
     endemic - 24 species (including subspecies) and 20 known undescribed **taxa**
     Malagasy Region - one species

Identification: In *Tetraponera*, eyes are always present, as are slender **frontal carinae**. The **promesonotal suture** is conspicuous, fully articulated, and flexible in fresh specimens, and the **metapleural gland** orifice is a simple hole. The **waist** consists of two segments. The **metatibia** has two **spurs**, and the **pretarsal claw** on the hind leg features a tooth on its inner curvature. A strong sting is always evident.

Distribution, life history, and ecology: Most species are **arboreal** and nest in twigs or hollow branches. However, the *grandidieri* species group, with its distinctive orange to reddish brown body, often nests in twigs or branches on the ground (Figure 40); their bright colors serve as a warning of their painful sting, and they are often found alongside *Camponotus* that mimic their color patterns and distinctive foraging gait. *Tetraponera* colonies are generally **monogynous** with fewer than 50 **workers**. *Tetraponera phragmotica* (*ambigua*-group), known only from the northwest Madagascar, has a discrete **soldier caste** with a truncate head well suited for blocking the entrance of their twig nests. The **larvae** of

et les cochenilles. Quant à *T. silvicola*, il pourrait être un habitant obligatoire de *Gravesia* (Melastomataceae), une **plante à fourmis** présente dans le Nord-est de Madagascar.

Tetraponera
Pseudomyrmecinae

Genre des régions tropicale et sub-tropicale de l'Ancien Monde
Espèces trouvées à Madagascar :
    endémiques - 24 espèces (y compris les sous-espèces) et 20 **taxa** connus non encore décrits
    Région malgache - une espèce

Identification : Chez *Tetraponera*, les yeux sont toujours présents, de même que des **carènes frontales** minces. La **suture promésonotale** est très visible, bien articulée et flexible (sur les spécimens frais). L'orifice de la **glande métapleurale** est un simple trou. La **taille** est composée de deux segments. Le **métatibia** possède deux **éperons**. Les **griffes prétarsales** des pattes arrière présentent une dent sur la face interne de la courbure. Un dard puissant est toujours bien évident.

Distribution, histoire naturelle et écologie : La plupart des espèces sont **arboricoles** et nichent dans des brindilles ou dans les branches creuses des arbres. Cependant, les espèces du groupe *grandidieri* (qui se distinguent par un corps de couleur distincte, orange à marron rougeâtre), nichent souvent dans les brindilles ou branches tombées au sol (Figure 40). Leurs couleurs vives servent de signal d'alarme contre leurs piqures douloureuses. *Camponotus* imite cette

Figure 40. La plupart des espèces de *Tetraponera* nichent dans les arbres, dans le creux de brindilles mortes. Cependant, les espèces très colorées du groupe *grandidieri* nichent toutes dans des branches ou du bois en décomposition au sol des forêts. Ce *T. manangotra* du Col de Tanana, à Andohahela, est en train de transporter une **larve** entre ses pattes. (Cliché par B. Fisher.) / **Figure 40**. Most *Tetraponera* species nest above ground in dead hollow twigs. The brightly colored *grandidieri* group species, however, all nest in decaying branches and wood on the forest floor. This *T. manangotra* from the Col de Tanana, Andohahela, is transporting a **larva** between its legs. (Photo by B. Fisher.)

pseudomyrmecines are unique in their possession of a **trophothylax**, a pocket in the **ventral** surface of the **thorax** in which workers deposit pellets of pulped insect prey for the larvae to consume.

Tetraponera

Tetraponera (grandidieri) manangotra

Tetraponera (ambigua) phragmotica

Tetraponera (natalensis) PSW112

Tetraponera (allaborans) PSW087

couleur vive, ainsi que la démarche distinctive des espèces du groupe *grandidieri* (les deux se rencontrent souvent dans les mêmes endroits). En général, les colonies de *Tetraponera* sont **monogynes** avec moins de 50 **ouvrières**. *Tetraponera phragmotica* (du groupe *ambigua*), qui se rencontre uniquement dans le Nord-est de Madagascar, possède en plus une **caste** de **soldats** avec des têtes tronquées bien adaptées au blocage de l'entrée de leurs nids dans les tiges.

Les larves des Pseudomyrmecinae sont notables car elles présentent un **trophothylax**, une poche sur la face **ventrale** du **thorax** dans laquelle les ouvrières déposent des boulettes d'insectes réduits en purée prêtes à être ingérées par les larves.

Trichomyrmex
Myrmicinae

Genre des régions tropicales et subtropicales de l'Ancien Monde, absent d'Australasie
Espèces trouvées à Madagascar :
   Afro-malgache - une espèce
   introduite - une espèce

Identification : Parmi les Myrmicinae, *Trichomyrmex* est le seul à avoir une série de **strioles** ou rides fines et incurvées autour des **insertions antennaires** ainsi que des **mandibules** distinctement striées longitudinalement et avec quatre dents. Par ailleurs, *Trichomyrmex* possède des antennes à 12 segments, dont les trois derniers forment une massue. La partie médiane du **clypeus** est courte. En vue de face, le clypeus ne pointe pas fortement vers l'avant dans

Trichomyrmex
Myrmicinae

Genus: Old World tropical and subtropical regions but absent from Australasia Region
Species on Madagascar:
   Afro-Malagasy - one species
   introduced - one species

Identification: Among the myrmicines, *Trichomyrmex* is unique in having a series of fine, curved **striolae** or **costulae** surrounding the **antennal insertions**, and **mandibles** that are distinctly longitudinally striate with four teeth. In addition, *Trichomyrmex* has 12-segmented **antennae** that terminate in a three-segmented club. The median portion of the **clypeus** is short and does not project sharply forward medially in full face view and the anterior margin of the median portion of the clypeus is only shallowly convex to concave. The **propodeal dorsum** has transverse sculpture, and the **worker caste** is **polymorphic**. *Trichomyrmex* is morphologically similar to *Royidris* and *Monomorium*. In addition to the absence of circular striolae around antennal insertions, *Royidris* is distinguished by a mandible with five distinct teeth (four in *Trichomyrmex*) and an **occipital carina** at the rear of the head. *Monomorium* is more variable and may possess 3-5 teeth on the mandibles, but the mandibles are usually smooth and circular striolae are absent around antennal insertions.

Distribution, life history, and ecology: On Madagascar, this genus is represented by two species:

Trichomyrmex

Trichomyrmex destructor

Trichomyrmex robustior

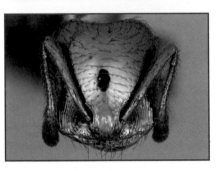

Trichomyrmex robustior

sa partie médiane ; le milieu du bord antérieur du clypeus est seulement légèrement convexe ou concave. Le **dorsum** du **propodéum** présente une sculpture transversale. La **caste** des **ouvrières** chez *Trichomyrmex* est **polymorphique**.

Trichomyrmex est morphologiquement similaire à *Royidris* et à *Monomorium*. En plus de

T. destructor (**introduced**) and *T. robustior* (**Afro-Malagasy**), which are widespread in dry open **habitats** in the west and south. *T. destructor* is also found in villages and gardens. Both nest in the ground, either directly or under stones, and in rotten wood. They are generalist predators and scavengers.

l'absence de strioles circulaires autour des insertions antennaires, *Royidris* se distingue par la mandibule à cinq dents (contre seulement quatre chez *Trichomyrmex*) et par la présence d'une carène occipitale à l'arrière de la tête. *Monomorium* est plus variable avec trois à cinq dents, mais ses mandibules sont généralement lisses et sans strioles circulaires autour des insertions antennaires.

Distribution, histoire naturelle et écologie : A Madagascar, ce genre est représenté par deux espèces, *T. destructor* (**introduite**) et *T. robustior* (**Afro-malgache**), qui sont toutes les deux répandues dans les **habitats** ouverts et secs de l'Ouest et du Sud. *T. destructor* se rencontre également dans les villages et dans les jardins. Les deux espèces nichent au sol (soit directement dans le sol, soit sous les pierres) ou encore dans du bois pourri. Ce sont des prédateurs et des charognards généralistes.

Vitsika
Myrmicinae

Genre endémique, connu seulement à Madagascar
Espèces trouvées à Madagascar :
        endémiques - 16 espèces

Identification : *Vitsika* a des antennes à 12 segments qui se terminent généralement par une massue apicale de trois segments, bien que la massue puisse être constituée de quatre ou cinq segments dans quelques cas. La mandibule présente six ou plus de six dents. La partie latérale du clypeus n'est pas surélevé en paroi ou en arête

Vitsika
Myrmicinae

Genus: Endemic, known only from Madagascar
Species on Madagascar:
        endemic - 16 species

Identification: *Vitsika* has 12-segmented **antennae** that usually terminate in an **apical** club of three segments, but uncommonly the club may be of four or five segments. The **mandible** has six or more teeth and the lateral portions of the **clypeus** are not raised into a ridge or shield wall in front of the **antennal sockets** (as in *Tetramorium*). **Frontal carinae** and **antennal scrobes** are usually distinct, but in a couple of species, they are much reduced whereas the clypeus has a small notch at the mid-point of the anterior margin. The **petiolar node** is high and domed to **cuneate** in profile, and the sting is simple and strongly developed. *Vitsika* is morphologically similar to certain *Tetramorium*, especially those in the *bonibony*-group, which have a similar wedge-shaped **petiole**. *Tetramorium* can be distinguished by the presence of a ridge or wall surrounding the **antennal insertions**. In addition, the sting in *Vitsika* is almost always visible and clearly lacks any sort of sting appendage. In *Tetramorium*, the sting is often hidden but there is always a **spatulate** or triangular appendage near the apex.

Vitsika

Vitsika acclivitas

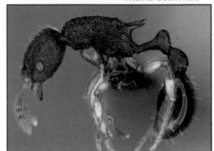

Vitsika labes

Vitsika manifesta

Vitsika suspicax

à l'avant des **fossettes antennaires** (comme c'est le cas chez *Tetramorium*). La **carène frontale** et les **sillons antennaires** sont bien distincts, bien que chez deux espèces, elles peuvent être plus réduites, avec un clypeus présentant une petite encoche à la moitié de son bord antérieur. Le **nœud pétiolaire** est surélevé (en forme de dôme ou cunéiforme, en vue de profil). Le dard est simple mais fortement développé.

Vitsika est morphologiquement similaire à certains *Tetramorium*, en particulier ceux du groupe *bonibony*, puisque les deux présentent des pétioles semblables (en forme de coin). *Tetramorium* se distingue cependant par la présence de paroi ou d'arêtes à l'avant des fossettes antennaires. Chez *Tetramorium*, le dard est souvent caché mais il y a toujours un appendice **spatulé** ou triangulaire près de l'apex. Chez *Vitsika*, par contre, le dard est presque toujours visible mais il y a aucune autre sorte d'appendice.

Distribution, histoire naturelle et écologie : *Vitsika* habite à la fois les forêts sèches et les forêts humides, parfois même à haute altitude. Les sites de nidification varient, y compris dans les rondins pourris, dans les tiges vertes ou mortes des plantes, dans les brindilles mortes tombées au sol, et dans les poches pourries des arbres sur pied. Une espèce, *V. breviscapa* semble nicher uniquement sur la **plante à fourmis Mélastome** (*Gravesia*), dans le Nord-est de Madagascar. En général, la recherche de nourriture a lieu dans la litière de feuilles mortes et sur la végétation. Les **reines** sont **ailées** ou **ergatoïdes**,

Distribution, life history, and ecology: *Vitsika* inhabit both dry and humid forests, sometimes at high altitudes. Nest sites are varied and include rotten logs, living or dead stems on plants, dead twigs on the ground, and rotten pockets in standing trees. One species, *V. breviscapa* appears to nest only in **ant-plant** melastomes (*Gravesia*) in the northeast. Foraging takes place in leaf litter and on vegetation. **Queens** are winged or **ergatoid**; both occur in some species, and ergatoid queens can vary in size.

Xymmer
Amblyoponinae

Genus: Afrotropic, Malagasy, and Indomalaya regions.
Species on Madagascar:
      endemic - four known undescribed **taxa**

Identification: Among the amblyoponines, *Xymmer* is easily distinguished by the absence of **dentiform setae** on the anterior **clypeal** margin and presence of a short anterior **peduncle** on the **petiole**. *Xymmer* is also characterized by having a median clypeal apron, **apically** pointed linear **mandibles** that are shorter than the head and do not close tightly against the **clypeus**, the reduction of the **petiolar sternite** to a minute posterior **sclerite**, and the absence of **spatulate** setae on the head and body. *Stigmatomma* is very similar but differs by its dentiform setae on the clypeus and lacks an anterior peduncle on the petiole.

Xymmer

Xymmer MG01

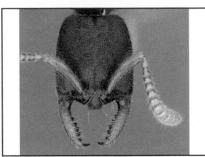

Xymmer MG02

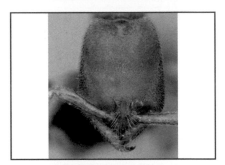

Xymmer MG03

Xymmer MG04

les deux formes existant parfois au sein d'une même espèce. Les reines ergatoïdes peuvent avoir des tailles variées.

Xymmer
Amblyoponinae

Genre des régions afrotropicale, malgache et indomalaise
Espèces trouvées à Madagascar :
    endémiques - quatre **taxa** connus
    non encore décrits

Identification : Parmi les Amblyoponinae, *Xymmer* s'identifie facilement par la présence d'un court **pédoncule** sur la partie antérieure du **pétiole** ainsi que par l'absence de **setae dentiformes** sur le bord antérieur du clypeus. *Xymmer* possède cependant une avancée sur la partie médiane du clypeus. *Xymmer* se caractérise aussi par des **mandibules** linéaires, pointues dans leurs parties **apicales**, mandibules qui sont plus courtes que la tête et qui ne referment pas étroitement contre le clypeus. Le **sternite pétiolaire** se réduit postérieurement en un **sclérite** minuscule. Ni la tête ni le corps ne présente de setae **spatulées**.

   Stigmatomma est très similaire à *Xymmer*, sauf que *Stigmatomma* présente des setae dentiformes sur le clypeus mais il n'y a pas de pédoncule sur la partie antérieure du pétiole.

Distribution, histoire naturelle et écologie : A partir des mâles collectés dans des **pièges Malaise**, nous savons que ce genre est répandu, bien qu'il y ait peu d'observation d'**ouvrières**. Ces dernières sont plutôt collectées dans la

Distribution, life history, and ecology: Based on males collected in **Malaise traps**, we know this genus is widespread, but there are very few records of **workers**. Workers have been collected in leaf litter and rotten wood. In one collection in a rotten log, the workers quickly swarmed and stung the collector.

litière végétale et dans du bois pourri. Lors d'une collecte à partir d'un rondin pourri, un grand nombre d'ouvrières ont rapidement encerclé le collecteur et l'ont piqué.

Bibliographie / References

La plupart des références listées ici sont relativement récentes (après 1993) concernant les études taxonomiques, la phylogénétique et l'histoire naturelle des espèces au sein des genres décrits dans ce guide. Quelques références clés plus anciennes sont aussi inclues. Pour une liste plus complète des références plus anciennes, voir Fisher (1997). / Most references included here are relatively recent (post-1993) taxonomic, phylogenetic, and natural history studies of Malagasy species within the genera defined herein. A few earlier landmark references are also provided. For a complete list of early references, see Fisher (1997).

Allnutt, T. F., Ferrier, S., Manion, G., Powell, G. V. N., Ricketts, T. H., Fisher, B. L., Harper, G. J., Irwin, M. E., Kremen, C., Labat, J.-N., Lees, D. C., Pearce, T. A. & Rakotondrainibe, F. 2008. A method for quantifying biodiversity loss and its application to a 50-year record of deforestation across Madagascar. Conservation Letters, 1: 173-181.

Alpert, G. D. 2007. A review of the ant genus Metapone Forel from Madagascar. Memoirs of the American Entomological Institute, 80: 8-18.

Blaimer, B. B. 2010. Taxonomy and natural history of the Crematogaster (Decacrema)-group in Madagascar. Zootaxa, 2714: 1-39.

Blaimer, B. B. 2012. Untangling complex morphological variation: Taxonomic revision of the subgenus Crematogaster (Oxygyne) in Madagascar, with insight into the evolution and biogeography of this enigmatic ant clade. Systematic Entomology, 37: 240-260.

Blaimer, B. B. 2012. Taxonomy and species-groups of the subgenus Crematogaster (Orthocrema) in the Malagasy region. ZooKeys, 199: 23-70.

Blaimer, B. B. 2012. A subgeneric revision of Crematogaster and discussion of regional species-groups. Zootaxa, 3482: 47-67.

Blaimer, B. B. & Fisher, B. L. 2013. How much variation can one ant species hold? Species delimitation in the Crematogaster kelleri-group in Madagascar. PLoS ONE, 8(7): 31 pp. e68082.

Blaimer, B. B. & Fisher, B. L. 2013. Taxonomy of the Crematogaster degeeri-species-assemblage in the Malagasy region. European Journal of Taxonomy, 51: 1-64.

Bolton, B. 1979. The ant tribe Tetramoriini. The genus Tetramorium Mayr in the Malagasy region and in the New World. Bulletin of the British Museum (Natural History) (Entomology), 38: 129-181.

Bolton, B. 1982. Afrotropical species of the myrmicine ant genera Cardiocondyla, Leptothorax, Melissotarsus, Messor and Cataulacus. Bulletin of the British Museum

(Natural History) (Entomology), 45: 307-370.

Bolton, B. 1987. A review of the Solenopsis genus-group and revision of Afrotropical Monomorium Mayr. Bulletin of the British Museum (Natural History) (Entomology), 54: 263-452.

Bolton, B. 2003. Synopsis and classification of Formicidae. Memoirs of the American Entomological Institute, 71: 1-370.

Bolton, B. 2007. Taxonomy of the dolichoderine ant genus Technomyrmex Mayr based on the worker caste. Contributions of the American Entomological Institute, 35(1): 1-150.

Bolton, B. & Fisher, B. L. 2012. Taxonomy of the cerapachyine ant genera Simopone Forel, Vicinopone gen. n. and Tanipone gen. n. Zootaxa, 3283: 1-101.

Bolton, B. & Fisher, B. L. 2014. The Madagascan endemic myrmicine ants related to Eutetramorium: Taxonomy of the genera Eutetramorium Emery, Malagidris nom. n., Myrmisaraka gen. n., Royidris gen. n., and Vitsika gen. n. Zootaxa, 3791: 1-99.

Bouchet, D. C., Peeters, C., Fisher, B. L. & Molet, M. 2013. Both female castes contribute to colony emigration in the polygynous ant Mystrium oberthueri. Ecological Entomology, 38: 408-417

Boudinot, B. E. & Fisher, B. L. 2013. A taxonomic revision of the Meranoplus F. Smith of Madagascar with keys to species and diagnosis of the males. Zootaxa, 3635: 301-339.

Brady, S. G. 2003. Evolution of the army ant syndrome: The origin and long-term evolutionary stasis of a complex of behavioral and reproductive adaptations. Proceedings of the National Academy of Sciences U.S.A., 100: 6575-6579.

Brady, S. G. & Ward, P. S. 2005. Morphological phylogeny of army ants and other dorylomorphs. Systematic Entomology, 30: 592-618.

Brady, S. G., Schultz, T. R., Fisher, B. L. & Ward, P. S. 2006. Evaluating alternative hypotheses for the early evolution and diversification of ants. Proceedings of the National Academy of Sciences U.S.A., 103: 18172-18177.

Brady, S. G., Fisher, B. L., Schultz, T. R. & Ward, P. S. 2014. The rise of army ants and their relatives: Diversification of specialized predatory doryline ants. BMC Evolutionary Biology, 14(93): 14.

Brown, W. L., Jr. 1975. Contributions toward a reclassification of the Formicidae. 5. Ponerinae, tribes Platythyreini, Cerapachyini, Cylindromyrmecini, Acanthostichini, and Aenictogitini. Search Agriculture (Ithaca, New York), 5: 1-115.

Brown, W. L., Jr. 1976. Contributions toward a reclassification of the Formicidae. Part 6. Ponerinae, tribe Ponerini, subtribe Odontomachiti. Section A. Introduction, subtribel characters, genus Odontomachus. Studia Entomologica, new series, 19: 67-171.

Brown, W. L., Jr. 1978. Contributions toward a reclassification of the Formicidae. Part 6. Ponerinae, tribe

Ponerini, subtribe Odontomachiti. Section B. Genus Anochetus and bibliography. Studia Entomologica, new series, 20: 549-652.

Clark, V. C., Raxworthy, C. J., Rakotomalala, V., Sierwald, P. & Fisher, B. L. 2005. Convergent evolution of chemical defense in poison frogs and arthropod prey between Madagascar and the Neotropics. Proceedings of the National Academy of Sciences U.S.A., 102: 11617-11622.

Csősz, S. & Fisher B. L. 2015. Diagnostic survey of Malagasy Nesomyrmex species-groups and revision of hafahafa group species via morphology based cluster delimitation protocol. Zookeys, 526: 19-59.

Csősz, S. & Fisher B. L. 2016. Taxonomic revision of the Malagasy members of the Nesomyrmex angulatus species group using the automated morphological species delineation protocol NC-PART-clustering. PeerJ, 4: e1796.

Csősz, S. & Fisher B. L. 2016. Toward objective, morphology-based taxonomy: A case study on the Malagasy Nesomyrmex sikorai species group (Hymenoptera: Formicidae). PLoS ONE, 11: e0152454.

Dalla Torre, K. W. 1893. Catalogus Hymenopterorum hucusque descriptorum systematicus et synonymicus. Vol. 7. Formicidae (Heterogyna). W. Engelmann, Leipzig.

Dejean, A., Fisher, B. L., Corbara, B., Rarevohitra, R., Randrianaivo, R., Rajemison, B. & Leponce, M. 2010. Spatial distribution of dominant arboreal ants in a Malagasy coastal rainforest: Gaps and presence of an invasive species. PLoS ONE, 5(2): e9319.

Esteves, F. A. & Fisher B. L. 2016. Taxonomic revision of Stigmatomma Roger (Hymenoptera: Formicidae) in the Malagasy region. Biodiversity Data Journal, 4: e8032.

Fischer, G. & Fisher, B. L. 2013. A revision of Pheidole Westwood in the islands of the southwest Indian Ocean and designation of a neotype for the invasive Pheidole megacephala. Zootaxa, 3683: 301-356.

Fisher, B. L. 1996. Origins and affinities of the ant fauna of Madagascar. In Biogéographie de Madagascar, ed. W. R. Lourenço, pp. 457-465. Editions ORSTOM, Paris.

Fisher, B. L. 1996. Ant diversity patterns along an elevational gradient in the Réserve Naturelle Intégrale d'Andringitra, Madagascar. In A floral and faunal inventory of the eastern slopes of the Réserve Naturelle Intégrale d'Andringitra, Madagascar, with reference to elevational variation. ed. S. M. Goodman. Fieldiana: Zoology, new series, 85: 93-108.

Fisher, B. L. 1997. Biogeography and ecology of the ant fauna of Madagascar (Hymenoptera: Formicidae). Journal of Natural History, 31: 269-302.

Fisher, B. L. 1998. Ant diversity patterns along an elevational gradient in the Réserve Spéciale d'Anjanaharibe-Sud and on the western Masoala Peninsula. In A floral and faunal inventory of the Réserve Spéciale d'Anjanaharibe-

Sud, Madagascar, with reference to elevational variation. ed. S. M. Goodman. Fieldiana: Zoology, new series, 90: 39-67.

Fisher, B. L. 1999. Improving inventory efficiency: A case study of leaf litter ant diversity in Madagascar. Ecological Applications, 9: 714-731.

Fisher, B. L. 1999. Ant diversity patterns along an elevational gradient in the Réserve Naturelle Intégrale d'Andohahela, Madagascar. In A fauna and flora survey of the Réserve Naturelle Integrale d'Andohahela, Madagascar, with particular reference to elevational variation. ed. S. M. Goodman. Fieldiana: Zoology, new series, 94: 129-147.

Fisher, B. L. 2000. Ant inventories along elevational gradients in tropical wet forests in eastern Madagascar. In Sampling ground-dwelling ants: Case studies from the worlds' rain forests, eds. D. Agosti, J. D. Majer, L. Alonso & T. Schultz. Curtin University School of Environmental Biology Bulletin, 18: 41-49.

Fisher, B. L. 2000. The Malagasy fauna of Strumigenys. In The ant tribe Dacetini, ed. B. Bolton. Memoirs of the American Entomological Institute, 65: 612-710.

Fisher, B. L. 2002. Ant diversity patterns along an elevational gradient in the Réserve Spéciale de Manongarivo, Madagascar. In Inventaire floristique et faunistique de la Réserve Spéciale de Manongarivo, Madagascar, eds. L. Gautier & S. M. Goodman. Boissiera, 59: 311-328.

Fisher, B. L. 2003. Ants (Formicidae: Hymenoptera). In The natural history of Madagascar, eds. S. M. Goodman & J. P. Benstead, pp. 811-819. University of Chicago Press, Chicago.

Fisher, B. L. 2005. A model for a global inventory of ants: A case study in Madagascar. In Biodiversity: A symposium held on the occasion of the 150th anniversary of the California Academy of Sciences, 17-18 June 2003, ed. N. G. Jablonski, Proceedings of the California Academy of Sciences, 56: 78-89.

Fisher, B. L. 2005. A new species of Discothyrea Roger from Mauritius and a new species of Proceratium from Madagascar (Hymenoptera: Formicidae). Proceedings of the California Academy of Sciences, 56: 657-667.

Fisher, B. L. 2007. A new species of Probolomyrmex (Hymenoptera: Formicidae) from Madagascar. In Advances in ant systematics (Hymenoptera: Formicidae): Homage to E. O. Wilson: 50 years of contributions, eds. R. R. Snelling, B. L. Fisher & P. S. Ward, Memoirs of the American Entomological Institute, 80: 146-152.

Fisher, B. L. 2008. Les fourmis. In Paysages naturels et biodiversité de Madagascar, ed. S. M. Goodman, pp. 249-271. Muséum national d'Histoire naturelle, Paris.

Fisher, B. L. 2009. Two new dolichoderine ant genera from Madagascar: Aptinoma gen. n. and Ravavy gen. n. (Hymenoptera: Formicidae). Zootaxa, 2118: 37-52.

Fisher, B. L. 2016. Descriptive

taxonomy: A golden or gold-plated age? Ecology, 97: 1366-1367.

Fisher, B. L. & Bolton, B. 2016. Ants of Africa and Madagascar. A guide to the genera. The University of California Press, Berkeley.

Fisher, B. L. & Cover, S. P. 2007. Ants of North America. A guide to genera. The University of California Press, Berkeley.

Fisher, B. L. & Girman, D. J. 2000. Biogeography of ants in eastern Madagascar. In Diversity and endemism in Madagascar, eds. W. R. Lourenço & S. M. Goodman, pp. 331-344. Société de Biogéographie, Paris.

Fisher, B. L. & Penny, N. 2008. Les arthropodes. In Paysages naturels et biodiversité de Madagascar, ed. S. M. Goodman, pp. 183-212. Muséum national d'Histoire naturelle, Paris.

Fisher, B. L. & Razafimandimby, S. 1997. Les fourmis (Hymenoptera: Formicidae). In Inventaire biologique des Forêts de Vohibasia et d'Isoky-Vohimena, eds. O. Langrand & S. M. Goodman. Recherches pour le Développement, Série Sciences Biologiques, 12: 104-109.

Fisher, B. L. & Robertson, H. 2002. Comparison and origin of forest and grassland ant assemblages in the high plateau of Madagascar (Hymenoptera: Formicidae). Biotropica, 34: 155-167.

Fisher, B. L. & Smith, M. A. 2008. A revision of Malagasy species of Anochetus Mayr and Odontomachus Latreille. PLoS ONE, 3(5): 23 pp. e1787.

Fisher, B. L., Ratsirarson, H. &

Razafimandimby, S. 1998. Les fourmis (Hymenoptera: Formicidae). In Inventaire biologique de la forêt littorale de Tampolo (Fenoarivo Atsinanana), eds. J. Ratsirarson & S. M. Goodman. Recherches pour le Développement, Série Sciences Biologiques, 14: 107-131.

Forel, A. 1891. Les Formicides. In Histoire physique, naturelle et politique de Madagascar 20. Histoire naturelle des Hyménoptères. 2 (fascicule 28), ed. A. Grandidier, pp. 1-231. Hachette et Cie, Paris.

Forel, A. 1892. Les Formicides. In Histoire physique, naturelle et politique de Madagascar 20. Histoire naturelle des Hyménoptères. 2 (supplément au 28 fascicule), ed. A. Grandidier, pp. 229-280. Hachette et Cie, Paris.

Graham, N. R., Fisher B. L. & Girman D. J. 2016. Phylogeography in response to reproductive strategies and ecogeographic isolation in ant species on Madagascar: Genus Mystrium (Formicidae: Amblyoponinae). PLoS ONE, 11: e0146170.

Heinze, J., Schrempf, A., Wanke, T., Rakotondrazafy, H., Rakotondranaivo, T. & Fisher, B. L. 2014. Polygyny, inbreeding and wingless males in the Malagasy ant Cardiocondyla shuckardi Forel (Hymenoptera, Formicidae). Sociobiology, 61: 300-306.

Helms IV, J. A., Peeters, C. & Fisher, B. L. 2014. Funnels, gas exchange and cliff jumping: Natural history of the cliff dwelling ant Malagidris sofina. Insectes

Sociaux, 61: 357-365.

Heterick, B. E. 2006. A revision of the Malagasy ants belonging to genus Monomorium Mayr, 1855. Proceedings of the California Academy of Sciences, 57: 69-202.

Hita Garcia, F. & Fisher, B. L. 2011. The ant genus Tetramorium Mayr (Hymenoptera: Formicidae) in the Malagasy region: Introduction, definition of species groups, and revision of the T. bicarinatum, T. obesum, T. sericeiventre and T. tosii species groups. Zootaxa, 3039: 1-72.

Hita Garcia, F. & Fisher, B. L. 2012. The ant genus Tetramorium Mayr (Hymenoptera: Formicidae) in the Malagasy region: Taxonomic revision of the T. kelleri and T. tortuosum species groups. Zootaxa, 3592: 1-85.

Hita Garcia, F. & Fisher, B. L. 2012. The ant genus Tetramorium Mayr (Hymenoptera: Formicidae) in the Malagasy region: Taxonomy of the T. bessonii, T. bonibony, T. dysalum, T. marginatum, T. tsingy, and T. weitzeckeri species groups. Zootaxa, 3365: 1-123.

Hita Garcia, F. & Fisher, B. L. 2013. The Tetramoriumtortuosum species group (Hymenoptera, Formicidae, Myrmicinae) revisited: Taxonomic revision of the Afrotropical T. capillosum species complex. ZooKeys, 299: 77-99.

Hita Garcia, F. & Fisher, B. L. 2014. Taxonomic revision of the cryptic ant genus Probolomyrmex Mayr (Hymenoptera, Formicidae, Proceratiinae) in Madagascar. Deutsche Entomologische Zeitschrift, 61(1): 65-76.

Hita Garcia, F. & Fisher, B. L. 2014. The hyper-diverse ant genus Tetramorium Mayr (Hymenoptera: Formicidae) in the Malagasy region: Taxonomic revision of the T. naganum, T. plesiarum, T. schaufussii, and T. severini species groups. ZooKeys, 413: 1-170.

Hita Garcia, F. & Fisher, B. L. 2015. Taxonomy of the hyper-diverse ant genus Tetramorium Mayr in the Malagasy region (Hymenoptera, Formicidae, Myrmicinae):First record of the T. setigerum species group and additions to the Malagasy species groups with an updated illustrated identification. ZooKeys, 512: 121-153.

Hölldobler, B. & Wilson, E. O. 1990. The ants. Harvard University Press, Cambridge.

Irwin, M. T., Wright, P. C., Birkinshaw, C., Fisher, B. L., Gardner, C. J., Glos, J., Goodman, S. M., Loiselle, P., Rabeson, P., Raharison, J., Raherilalao, M. J., Rakotondravony, D., Raselimanana, A., Ratsimbazafy, J., Sparks., J., Wilmé, L. & Ganzhorn, J. U. 2010. Patterns of species change in anthropogenically disturbed forests of Madagascar. Biological Conservation, 143: 2351-2362.

Kremen, C., Cameron, A., Moilanen, A., Phillips, S. J., Thomas, C. D., Beentje, H., Dransfield, J., Fisher, B. L., Glaw, F., Good, T. C., Harper, G. J., Hijmans, R. J., Lees, D. C., Louis, E. Jr., Nussbaum, R. A., Raxworthy, C. J., Razafimpahanana, A., Schatz, G. E., Vences, M., Vieites, D. R., Wright, P. C. & Zjhra, M. L. 2008.

Aligning conservation priorities across taxa in Madagascar with high-resolution planning tools. Science, 320: 222-226.

LaPolla, J. S. & Fisher, B. L. 2014. Two new Paraparatrechina (Hymenoptera: Formicidae) species from the Seychelles, with notes on the hypogaeic weissi species-group. ZooKeys, 414: 139-155.

LaPolla, J. S. & Fisher, B. L. 2014. Then there were five: A reexamination of the ant genus Paratrechina. ZooKeys, 422: 35-48.

LaPolla, J. S., Cheng, C. H. & Fisher, B. L. 2010. Taxonomic revision of the ant genus Paraparatrechina in the Afrotropical and Malagasy regions. Zootaxa, 2387: 1-27.

LaPolla, J. S., Hawkes, P. G. & Fisher, B. L. 2011. Monograph of Nylanderia (Hymenoptera: Formicidae) of the World, Part I: Nylanderia in the Afrotropics. Zootaxa, 3110: 10-36.

Menozzi, C. 1929. Revisione delle formiche del genere Mystrium Roger. Zoologischer Anzeiger, 82: 518-536.

Molet, M., Peeters, C. & Fisher, B. L. 2007. Permanent loss of wings in queens of the ant Odontomachus coquereli from Madagascar. Insectes Sociaux, 54: 183-188.

Molet, M., Peeters, C. & Fisher, B. L. 2007. Winged queens replaced by reproductives smaller than workers in Mystrium ants. Naturwissenschaften, 94: 280-287.

Molet, M., Peeters, C., Follin, I. & Fisher, B. L. 2007. Reproductive caste performs intranidal tasks instead of workers in the Ant Mystrium oberthueri. Ethology, 113: 721-729.

Molet, M., Fisher, B. L., Ito, F. & Peeters, C. 2009. Shift from independent to dependent colony foundation and evolution of 'multi-purpose' ergatoid queens in Mystrium ants (subfamily Amblyoponinae). Biological Journal of the Linnean Society, 98: 198-207.

Ouellette, G. D., Fisher, B. L. & Girman, D. J. 2006. Molecular systematics of basal subfamilies of ants using 28S rRNA. Molecular Phylogenetics and Evolution, 40: 359-369.

Overson, R. & Fisher, B. L. 2015. Taxonomic revision of the genus Prionopelta in the Malagasy region. ZooKeys, 507: 115-150.

Peeters, C. & Fisher, B. L. 2016. Gamergates (mated egg-laying workers) and queens both reproduce in Euponera sikorae ants from Madagascar. African Entomology, 24: 180-187.

Peeters, C., Foldi, I., Matile-Ferrero, D. & Fisher, B. L. 2017. A mutualism without honeydew: what benefits for Melissotarsus emeryi antsand armoured scale insects (Diaspididae)? PeerJ5: e3599.

Rakotonirina, J.-C. & Fisher, B. L. 2013. Revision of the Pachycondyla wasmannii-group from the Malagasy region. Zootaxa, 3609: 101-141.

Rakotonirina, J.-C. & Fisher, B. L. 2013. Revision of the Pachycondyla sikorae species-group in Madagascar. Zootaxa, 3683: 447-485.

Rakotonirina, J.-C. & Fisher, B. L. 2014. Revision of the Malagasy ponerine ants of the genus Leptogenys Roger. Zootaxa, 3836: 1-163.

Rakotonirina, J.-C., Csősz, S. & Fisher, B. L. 2016. Revision of the Malagasy Camponotus edmondi species group (Hymenoptera, Formicidae, Formicinae): Integrating qualitative morphology and multivariate morphometric analysis. Zookeys, 572: 81-154.

Ravelomanana, A. & Fisher, B. L. 2013. Diversity of ants in burned and unburned grassland, and dry deciduous forest in the Beanka Reserve, Melaky Region, western Madagascar. In The Beanka Forest, Melaky Region, western Madagascar, eds. S. M. Goodman, L. Gautier & M. J. Raherilalao. Malagasy Nature, 7: 171-183.

Rigato, F. 2002. Three new Afrotropical Cardiocondyla Emery, with a revised key to the workers. Bollettino della Società Entomologica Italiana, 134: 167-173.

Saux, C., Fisher, B. L. & Spicer, G. S. 2004. Dracula ant phylogeny as inferred by nuclear 28S rDNA sequences and implications for ant systematics. Molecular Phylogenetics and Evolution, 33: 457-468.

Seifert, B. 2003. The ant genus Cardiocondyla: A taxonomic revision of the C. elegans, C. bulgarica, C. batesii, C. nuda, C. shuckardi, C. stambuloffii, C. wroughtonii, C. emeryi and C. minutior species groups. Annalen des Naturhistorischen Museums in Wien, 104 B: 203-338.

Smith, M. A. & Fisher, B. L. 2009. Invasions, DNA barcodes, and rapid biodiversity assessment using ants of Mauritius. Frontiers in Zoology, 6: 31.

Smith, M. A., Fisher, B. L. & Hebert, P. D. N. 2005. DNA barcoding for effective biodiversity assessment of a hyperdiverse arthropod group: The ants of Madagascar. Philosophical Transactions of the Royal Society of London B Biological Sciences, 360(1462): 1825-1834.

Ward, P. S. 1994. Adetomyrma, an enigmatic new ant genus from Madagascar (Hymenoptera: Formicidae) and its implications for ant phylogeny. Systematic Entomology, 19: 159-175.

Ward, P. S. 2006. The ant genus Tetraponera in the Afrotropical region: Synopsis of species groups and revision of the T. ambigua-group. Myrmecologische Nachrichten, 8: 119-130.

Ward, P. S. 2007. Phylogeny, classification, and species-level taxonomy of ants. Zootaxa, 1668: 549-563.

Ward, P. S. 2009. The ant genus Tetraponera in the Afrotropical region: The T. grandidieri group. Journal of Hymenoptera Research, 18: 285-304.

Ward, P. S. & Fisher B. L. 2016. Tales of dracula ants: The evolutionary history of the ant subfamily Amblyoponinae (Hymenoptera: Formicidae). Systematic Entomology, 41: 683-693.

Ward, P. S., Brady, S. G., Fisher, B. L. & Schultz, T. R. 2010.

Phylogeny and biogeography of Dolichoderinae ants: Effects of data partitioning and relict taxa on historical inference. Systematic Biology, 59: 342-362.

Ward, P. S., Brady, S. G., Fisher, B. L. & Schultz, T. R. 2015. The evolution of myrmicine ants: Phylogeny and biogeography of a hyperdiverse ant clade. Systematic Entomology, 40: 61-81.

Wheeler, W. M. 1922. The ants of the Belgian Congo. Bulletin of the American Museum of Natural History, 45: 1-1139.

Woodhead, C., Vences, M., Vieites, D., Gamboni, I., Fisher, B. L. & Griffiths, R. A. 2007. Specialist or generalist? Feeding ecology of the Malagasy poison frog Mantella aurantiaca. Herpetological Journal, 17: 225-236.

Yoshimura, M. & Fisher, B. L. 2007. A revision of male ants of the Malagasy region (Hymenoptera: Formicidae): Key to subfamilies and treatment of the genera of Ponerinae. Zootaxa, 1654: 21-40.

Yoshimura, M. & Fisher, B. L. 2009. A revision of male ants of the Malagasy region (Hymenoptera: Formicidae): Key to genera of the subfamily Proceratiinae. Zootaxa, 2216: 1-21.

Yoshimura, M. & Fisher, B. L. 2011. A revision of male ants of the Malagasy region (Hymenoptera: Formicidae): Key to genera of the subfamily Dolichoderinae. Zootaxa, 2794: 1-34.

Yoshimura, M. & Fisher, B. L. 2012a. A revision of male ants of the Malagasy Amblyoponinae (Hymenoptera: Formicidae)

with resurrections of the genera Stigmatomma and Xymmer. PLoS ONE, 7(3): e33325.

Yoshimura, M. & Fisher, B. L. 2012b. A revision of the Malagasy endemic genus Adetomyrma. Zootaxa, 3341: 1-31.

Yoshimura, M. & Fisher, B. L. 2014. A revision of the ant genus Mystrium in the Malagasy region with description of six new species and remarks on Amblyopone and Stigmatomma. ZooKeys, 394: 1-99.

Index / Index